Wine Tasting
ワイン テイスティング

－ワインを感じとるために－

佐藤陽一

はじめに

　気がつくと、ワインを扱う仕事を始めてからかなりの年月が過ぎていました。
　ワインに関係する本の種類も増え、私自身がワインに興味を持ち始めた頃からすると、食生活の環境も変化し、産地や造り手に関する情報もかなり多くなってきています。
　そんな中、ワインを見て、香りを感じて、口に含んで、そこから感じる言葉、そしてそれらを共通言語として伝える、表現するためのテイスティングの言葉や方法、考え方などを、ソムリエの視点からまとめてみることにしました。
　日本で、そしてフランスや様々な国で感じたワインに対する言葉の違いや共通点なども表現できればいいなと思って始めましたが、いざまとめようとすると、かなり時間がかかってしまい、そこからまた自分自身としてもテイスティングについて、あらためて深く考えることができたように思います。
　ワインには１本１本違いがあり、個性があります。ワインに詰められたそれらのメッセージを感じとるために、この本が役に立つことがあれば、大変うれしく思います。

佐藤陽一

Wine Tasting

©2009
by
Sato Yoichi

Published by
Musée Co.,Ltd.

2-1-13-205 Takanawa Minatoku	Planning	Sekine Yuko(Musée)
Tokyo 108-0074 Japan		
Telephone	Book Planning	i2 design associates
+81 3 5488 7781	Art Direction	Kaneko Hideyuki
Facsimile	Editorial/Design	Tamagawa Kaoru
+81 3 5488 7783	Design	Chiba Hidehiko
		Iyori Fumiko
ISBN978-4-903204-00-0	Editorial Support	Kawai Yumi
		Onodera Mayumi
All right reserved.		Baba Ayako
No part of this publication may be reproduced,		
stored in retrieval system, or transmitted in any	Photos	Seto Masato (Chapter V)
form or by any means, electronic, mechanical,		Abe Mayumi (Chapter II)
photocopying, without prior permission in writing		Tamagawa Kaoru (Chapter II etc.)
of the publisher.		
	Printed by	C.I.A. Co., Ltd.
Printed in Japan	Printing Director	Mera Katsumi

もくじ

テイスティングの基礎知識

［イントロダクション］
ワインのテイスティング

- §0-1　ワインのテイスティングとは　　12
- §0-2　テイスティングの順番　　14

［1］外観を見る

- §1-1　外観をとらえる－テイスティングを始めるために－　　18
- §1-2　外観を構成する要素　　20
  - ［色のタイプ］　　20
  - ［清澄度合い］　　21
  - ［輝き］　　21
  - ［ディスク］　　22
  - ［粘性］　　24
  - ［気泡、発泡性の有無］　　25
  - ［熟成感］　　26
  - ［品種の個性］　　28
  - ［まとめの印象－健全であるとは？－］　　29
- §1-3　外観を造る要素　　30
- §1-4　外観の表現　　32
  - ［各要素の表現］　　32
  - ［色調の公式］　　33
    - 1）白ワインの場合　　33
    - 2）赤ワインの場合　　34
    - 3）ロゼワインの場合　　37
  - ［外観から香りと味わいを予想する］　　38

[II] 香りを感じる

- §2-1　香りを嗅ぐ …… 42
- §2-2　香りを構成する要素 …… 43
  - ［第1、第2、第3アロマ］ …… 44
  - ［香りのアタック］ …… 45
  - ［香りの構成と分析］ …… 46
    - 1）濃縮感、凝縮感 …… 46
    - 2）持続性（余韻の長さ） …… 46
    - 3）複雑性 …… 47
- §2-3　香りの分類 …… 48
- §2-4　香りを造る要素 …… 80
- §2-5　香りの表現 …… 82

[III] 味わいを確認する

- §3-1　口に含む …… 88
- §3-2　味わいを構成する要素 …… 89
  - ［味わいのアタック］ …… 90
  - ［味わい―甘味、酸味、苦み、渋み―］ …… 91
    - 1）甘味 …… 91
    - 2）酸味 …… 92
    - 3）苦み …… 94
    - 4）渋み …… 95
  - ［アルコールのボリューム感］ …… 96
  - ［味わいの濃縮感、凝縮感］ …… 96
  - ［余韻、あと味について］ …… 98
  - ［バランス］ …… 99
  - ［まとめの印象］ …… 99
- §3-3　味わいの表現 …… 100
  - ［各要素の表現］ …… 101
  - ［外観との連動］ …… 102

[Ⅳ] 判断する

- §4-1 判断する ……………………………………………………………………… 106
  - [判断のステップ] ………………………………………………………… 107
    - 1）判断のステップ―初級編― …………………………………… 107
    - 2）判断のステップ―中級・上級編― …………………………… 109
- §4-2 テイスティングの練習 ……………………………………………… 111
  - [テイスティングの準備] ………………………………………………… 111
    - 1）テイスティングの方法 ………………………………………… 111
    - 2）テイスティングにふさわしいワインを購入するには ………… 112
  - [テイスティングの秘訣] ………………………………………………… 113
    - 1）品種の特徴を覚える …………………………………………… 113
    - 2）得意な品種をつくる …………………………………………… 114
    - 3）トライアングルテイスティングの練習 ……………………… 115
  - [テイスティングの実践] ………………………………………………… 117
    - 1）外観・香り・味わいの特徴をとらえる
      - ●白ワイン・チェックシート ………………………………… 118
      - ●赤ワイン・チェックシート ………………………………… 120
    - 2）各要素から品種を判断する
      - ●白ワイン・テイスティングチャート ……………………… 122
      - ●赤ワイン・テイスティングチャート ……………………… 124
- §4-3 サービス方法 ……………………………………………………………… 126
  - [グラスの形状] …………………………………………………………… 126
  - [提供温度] ………………………………………………………………… 127
  - [抜栓のタイミング] ……………………………………………………… 128
  - [デカンタージュとは] …………………………………………………… 128

テイスティングの応用知識

［V］実践する

白ワイン
【本章の読み方ー白ワインー】 ……………………………………………………… 132
- ●シャルドネ …………………………………………………………………… 134
- ●ソーヴィニヨン・ブラン ……………………………………………………… 140
- ●シュナン・ブラン ……………………………………………………………… 144
- ●（アルザス品種）リースリング ……………………………………………… 150
- ●（アルザス品種）ゲヴュルツトラミネル …………………………………… 154
- ●（アルザス品種）ピノ・グリ ………………………………………………… 158
- ●（アルザス品種）ミュスカ …………………………………………………… 162
- ●ルーサンヌ・マルサンヌ ……………………………………………………… 164
- ●ヴィオニエ ……………………………………………………………………… 168
- ●セミヨン ………………………………………………………………………… 170
- ●甲州タイプ ……………………………………………………………………… 174
- ●ミュスカデ ……………………………………………………………………… 176
- ●アリゴテ ………………………………………………………………………… 178
- ●トカイ …………………………………………………………………………… 180
- ●シェリー ………………………………………………………………………… 182
- ●スペイン ………………………………………………………………………… 186
- ●イタリア ………………………………………………………………………… 188

赤ワイン
【本章の読み方―赤ワイン―】 …… 190
- ●ピノ・ノワール …… 192
- ●カベルネ・ソーヴィニヨン …… 198
- ●シラー …… 204
- ●ネッビオーロ …… 208
- ●メルロ …… 212
- ●ガメイ …… 218
- ●グルナッシュ …… 222
- ●サンジョヴェーゼ …… 224
- ●テンプラニーリョ …… 228
- ●カベルネ・フラン …… 232
- ●マルベック …… 236
- ●ポートワイン …… 238

索引 …… 242

参考文献 …… 245

あとがき …… 246

著者略歴 …… 247

本書の表記について
・地名、ブドウ品種などのカナ表記については、ソムリエ教本を参考にした。
・専門用語、フランス語の用語など、わかりにくいと思われる用語には小さな＊（アスタリスク）を付し、文末に解説を記載した。

[イントロダクション]

ワインのテイスティング

考え方と方法

§0-1 ワインのテイスティングとは

　ワインのテイスティング（デギュスタシオン）とは何をするのか、なぜそれを行うのかにはいろいろな目的があります。ワインの初心者から上級者に至るまでレベルに応じたテイスティングが存在します。
　テイスティングとは、実は経験と細かい判断の積み重ねによって完成していきます。生まれつきの才能や運、感覚的なものなどで行うものではありません。
　できるだけ正しい方法で、より早く楽しく、テイスティングのメソッドを身に付けて行きましょう。

図表 0-1：テイスティングを繰り返す

外観を見る

まずは第一印象です

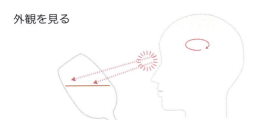

I

香りを感じる

どのような香りの要素がこのワインに存在しているのでしょうか？

II

味わいを確認する

外観と香りの印象を確認します

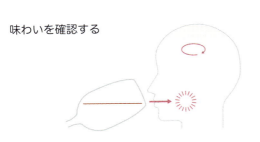

III

判断する

このワインの個性、飲み頃、提供温度など様々な視点から判断します

IV

図表 0-2：本書の構成と 4 つのステップ

§0-2　テイスティングの順番

では、実際のワインのテイスティングは、どのように行われるのでしょう。その流れを以下に示します。

まずは目に見える特徴を感じ、香りの情報を集め、さらに口に含むことによって確認していきます。

図表 0-3：テイスティングの実際

外観を見る

- 清澄度
- 輝き
- ディスクのコンディション
- 全体の色調と濃淡（特徴のある色を探す）
- 粘性・ラルム／ジョンブ
- 気泡・泡立ちの有無
- 熟成感・酸化の有無
- まとめの印象 ―健全であるとは？―

香りを感じる

- 香りのアタック（第一印象）
  - ―香りの中心にある特徴は？香り自体の強さは？―
  - ―第1、第2、第3アロマのどれが表現されているのか―
- 香りの濃縮感・凝縮感
- 複雑性・持続性（余韻の長さ）
- まとめの印象 ―個性的な香りの有無―

味わいを確認する

- 味わいのアタック（第一印象）
- 酸味・甘味・苦み・渋み（タンニン等）
- アルコールのボリューム感
- 味わいの濃縮感・凝縮感
- 余韻の印象・長さ
- 全体のバランス
- まとめの印象

テイスティングの際に"見る"とはどういうことなのか、香りをどのように"嗅いで"いくのか、"口に含んで"どう分析し、余韻に至るまでみていくのか、そのポイントを次に細かく書いてみます。

判断する

外観・香り・味わいの各要素を総合し、
評価をくだす

ワインの個性を推理する
- 生産地
- 生産年
- ブドウ品種
- 銘柄
- 市販価格

サービス方法を決める
（現時点での状況をふまえた上で）
- 提供温度とその温度の理由
- グラスの形状・大きさ
- デカンタージュの有無
- 何の料理と合わせるか
    1 ワインがよりおいしくなる
    2 料理がよりおいしくなる
    3 ワインと料理が両方おいしくなる
- 飲み頃、将来性など

［Ⅰ］
外観を見る

ワインからの最初の情報を受け取る

§1-1 外観をとらえる—テイスティングを始めるために—

　テイスティングを始めるには、まずワインの外観から見る必要があります。これは人間同士にも言えることで、初対面の人に会った場合にはまず"顔色"というか、その人の表情を見ると思います。("時計"や"靴"から見る方もいらっしゃるかもしれませんが、それは少し特殊な例と言えるでしょう。)

　「この人は元気そうだ」、「なんとなく疲れているみたいだな」など、その人の顔色から、やる気や健康状態、年齢や、もちろん性別に至るまで、無意識のうちに外観からとても多くの情報が推し量れます。

　ただ、これだけでは先入観だけの情報になってしまうので、確認のために話しかけてみる、すると優しそうに見えた人が案外違っていたり、静かな人かなと思っていたところ、結構うるさかったなど、見た目（先入観）と違っていることが多いということに気がつくはずです。

　このことはテイスティングにおいて、外観を見た後に、香りを嗅いで、さらに味わいを確認するために口に含む、このような手順を踏んで少しずつワインの内容に迫っていくこととあまり大差はありません。「外観は若々しいのに、香りには少し熟成感が出ている」など、第一印象と実際のワインとの差というものはどうしても出てきます。だからこそ人間を見極めようとすることが難かしいのと同様にワインを見極めるということも難しく面白く、終わりがないものなのでしょう。

　テイスティングと言うと、大変な才能が必要で、犬のような鼻と難しい言葉を覚えなければならないのですか？と、よく聞かれるのですが、実際には外観の色を見るというのは、人の顔色を見るのに等しく、そのためには慣れ（初対面の人よりも家族の顔色のほうがわかりやすいですよね、それと同じことです）が必要になってくるのです。

図表 1-1：外観を見ることは顔色を見るのと同じ

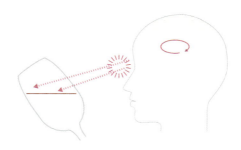

大きくとらえる

　グラスに注がれたワインの外観を見ます。"澱（おり）"など何か浮かんでいるものはないか、泡はあるのか無いのか、白ワインであれば"黄色み"がかっているのか、緑色のニュアンスが残っているのか、赤ワインであればルビーなのかガーネットなのか、樽からと思われる"黒みがかった要素"は存在しているのかなど、短時間に多くの要素を決定していかなければなりません。

　しかし、これも慣れれば自然に（反射的に）、色調・外観は見てコメントができるようになります。ただ、そのためには、単一のものを見るだけではなく比較することによってより早く理解することができます。例えばブルゴーニュのピノ・ノワールとボルドーのカベルネ・ソーヴィニヨン主体のワインを並べて見ると、色調の違いがはっきりと分かるでしょうし、若いワインと古いワインとを並べて見ると、その熟成感による外観の違い、手がかりがより顕著に理解できるようになると言えます。

　このように、まず最初はあまり欲張らずに、自分の中で基準となるワインの色調を作って、そして、その種類を徐々に増やしていくという作業が、実は一番の近道なのです。

図表 1-2：比較してみる

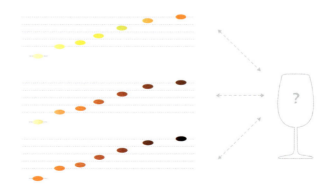

§1-2　外観を構成する要素

　外観を構成する要素をもう少し具体的にみていくことにしましょう。ワインのテイスティングにおいては、外観の特徴をとらえる要素として主に次のような項目があります。

- ●色のタイプ
- ●清澄度合い
- ●輝き
- ●ディスク
- ●粘性
- ●気泡、発泡性の有無
- ●熟成感

　そして、これらの要素に「品種の個性」を加味しながら、香りや味わい、熟成度、産地などを予想していきます。

[**色のタイプ**]

　白、赤両方ともおおまかにタイプを判断するところから始まります。大きく分けて淡い色調なのか、濃い色調なのかということをまず感じるようにします。

　次に基本となる色調を見ます。白ワインであれば黄色の色調に緑が混じっているのか、黄金色がかっているのか、もしくは熟成感が現れていて茶色がかっているのか、赤ワインであればルビー色もしくはガーネット色に若さを表す紫色が現れているのか、落ちついた赤い色（ルージュ）が表現されているのか、中心部に黒みがかかっているのかなど多くの要素を探しにいくことが必要になります。

図表 1-3：微妙な色の現れ方を読みとる

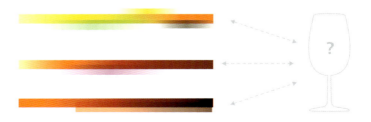

[清澄度合い]

　次に、注がれたワインが澄んでいるか、もしくは濁っているかをおおまかに見ます。きらきらと輝きのある澄んだ透明感のある状態から少しくすんだニュアンスを持つものまで様々な表情が見てとれるはずです。

　最近、話題の自然派ワインと呼ばれる濾過や澱引きをしていないワインにおいては清澄度合いはあまり高くありません。

　清澄度合いはワインのコンディションはもちろん造り手や醸造方法からのメッセージとしてとらえることができます。

図表 1-4：透明感とくすみの違い

[輝き]

　ワインの外観がきらきらと輝いているのか、もしくはくすんだニュアンスをもっているのかを判断することも必要です。

　ただし、注意しなければならないのは、清澄作業すなわちフィルターの回数を増やしたり、澱引きを多く強めに繰り返したりした場合、色調は輝きを増しますが、ワインの酒質を損なっている可能性もあるので、輝きがあればよいという単純なものではありません。

[**ディスク**]

ワインの鑑賞表現においてはグラスに注がれたワインの表面の部分を指してディスクと言い表します。

白ワインの場合には、まず、横から見た場合の"ディスクの厚み"が大きな意味を持ちます。この部分の厚みが厚ければ、このワインは"粘性"が高いだろうと推測でき、そこから暖かい気候で造られた（日照量に恵まれた）ワインなのか、甘口なのでこんなに粘性が高いのかと理由を想像し、その後に続く香りや味わいの予想を立てていくのです。

ディスクの厚いワインは一般的にはディスクの薄いものよりも、粘性があり、香りの持続性や、口に含んだ際の味わいの情報量も多いと予想することができます。

図表 1-5：白ワインのディスク

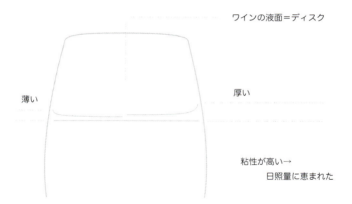

赤ワインにおいては、ディスクの厚みは色素の関係で見にくくなってしまいがちなので、グラスを斜めに倒して色のグラデーションを確認する方法をとります。縁（ふち）に向かって薄い紫色がかっているのか、赤の色素がかすかに感じられるのかなどによって、そのワインの素性をより知るための手がかりがあるためです。

　グラスを傾けていくと縁と中心部との色の違いが現れてきます。外側の色調と中心部との色調が基本的に同じ場合、単一品種である可能性が高く、逆に外側と比べて中心部の色調に黒みがかかっていたり、凝縮感や濃縮感が顕著に現れていた場合には2、3種類の色の濃い品種のブレンドの可能性や若さによるもの、新樽の比率の高い可能性によるものなどが考えられます。

図表1-6：赤ワインのディスク

色のグラデーション

最濃部に情報が集まっている

なだらか → 単一の品種（の可能性）

黒みが濃い → 色の濃い品種のブレンド（の可能性）

[**粘性**]

すでにディスクの部分でも触れましたが、ワインの粘りについてのことです。粘性についてコメントするということは、すなわち、ワインがどのような環境で生まれてきたのかを考えることなのです。

暑い地方で造られたからなのか、凝縮感のあるブドウ品種から造られたからなのかなど、粘性がある、もしくは控えめと感じたならば、どこからこのような要素が現れてきたのかを考える必要があるのです。

図表 1-7：粘性の判断部分

図表 1-8：粘性を見る　　　　図表 1-9：気泡のコンディション

ラルム：Larmes　ジョンブ：Jambes

＊ラルム（涙）とジョンブ（脚）について
粘性を表す他の要素として、ラルムもしくはジョンブと呼ばれるものがあります。これはグラスをゆっくりとまわした際にグラスの側面を伝わって落ちていくものです。まず、その盛り上がる厚みとそれぞれの数、そしてそれがどれぐらいグラスの側面に現れてくるのか、さらには落ちていくスピードなども粘性を確認するひとつの要素となります。（図表 1-8）

［ 気泡、発泡性の有無 ］

　外観から泡・気泡が見てとれるでしょうか？ワインには大きく分けて、発泡性のものと、そうではないものと 2 タイプあります。

　外観から泡の存在が顕著に見られる場合には、気泡の存在をしっかりと確認（コメント）しなければなりません。

　また、瓶内 2 次発酵によって造られたシャンパーニュやフランチャコルタ（イタリア・ロンバルディア州の D.O.C.G.）なのか、もしくは他の製造方法によって造られた種類なのか、その発泡性ワインの品質や状態をみる場合にはまず第一に、細かい気泡が連続してしかも長い間続いているのか、もしくはわりと大きめの気泡があまり連続的ではなく現れているのかを判断することが大事な要素です。

　これは熟成にかけた年数が長いほど気泡は細かくゆっくりと立ち上り、タンクなどでガスを注入されて造られたタイプの発泡性ワインの気泡は持続性に乏しく、また気泡の状態も大きいからなのです。

　立ち上る気泡の大きさ、立ち上り方・連続性・持続性、気泡が液面に上がった際に少し盛り上がるような状態でもすぐに消えることなく存在しているのかなどが、熟成条件やその製造方法の大きな判断基準になります。ただし、気泡の状態は、注がれた温度やグラスの形状などに大きく影響されますので注意が必要です。

＊良いコンディション
とても細かい気泡が規則正しく連続して立ち上り、持続性もある。気泡は液面に出てからもすぐに消えることなくグラスの縁（ふち）に盛り上がるように存在する。

＊余り良くないコンディション
やや大ぶりの気泡が、不規則に立ち上り、持続性にも乏しく割と早く気泡がなくなってしまう。液面上で残ることなく、すぐに消える。

（図表 1-9）

[**熟成感**]

　目で見ることのできる色調や輝き、粘性などをすべて総称して、外観という表現を使うのですが、時間の変化とともに、緩慢な酸化の影響を受け、少しずつ変化が現れてきます。この変化が一般的に言われる熟成感というもので、基本的には人間が年をとっていくのと同様（若々しい ↔ 落ち着きのある、みずみずしい・透明感 ↔ 少しくすんだ）の変化に近いものがあります。

熟成による色調の変化
　●白ワイン
　　緑色がかった色合いから、少しずつ黄色のニュアンスが増していき、黄金色、オレンジ色、茶色、琥珀（こはく）色と変化が見られます。

　●赤ワイン
　　紫色、輝きの感じられる若々しい赤などから、赤みが淡くなり、ディスク→縁（ふち）の部分にオレンジ色が現れます。全体の色合いに落ち着きが見られるようになり、そこからさらにレンガ色、マホガニー色などへと進んでいきます。

＊通常ではない色調を感じたら
上記の変化とは異なり、若いワインなのに熟成感がすでにわかりやすく現れている、時間の経っている古いワインなのになぜか色合いが若々しく、輝きも保っているなどといった場合、そのワインの造り方や熟成のコンディションが、少し特殊なものなのかもしれないので、そこも気をつけて見ていくようにします。

図表 1-10：熟成による外観の変化

白ワインの場合

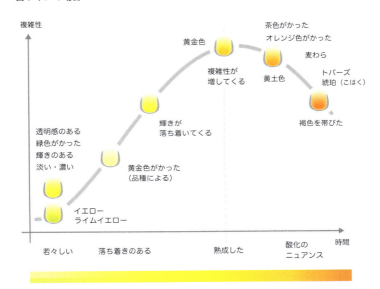

赤ワインの場合

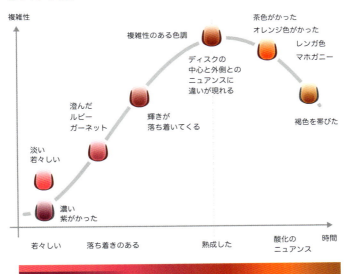

[**品種の個性**]

　ワインの外観を見る上でそれぞれの品種の持つ個性をおおまかに知ることが必要になります。

　白の品種においては淡いイエローなのか、緑色がかった品種なのか、皮の厚い粘性の高いブドウ品種なのか、それぞれの品種のおおまかな個性を知ることが外観からより多くの情報を得る強い手段となり得ます。

　赤の品種に関しても同様で、淡い色調のものから紫色の強い品種、さらには皮の厚い黒みがかった品種までそれぞれの品種の特徴を身につけていくことが外観の印象を確実にしていく近道になります。

図表 1-11：個性を見る

[**まとめの印象ー健全であるとは？ー**]

　グラスに注がれたワインをまず見て、輝きや透明度、清澄度合いに始まり、基本となる色調、さらには粘性など、ひとくちに外観と言っても判断しなければならないことはこんなにも存在し、逆に言うと、これだけ多くの要素がそれぞれのワインによって異なっているということなのです。

　ここまでじっくりと判断した結果、ワインの状態が健康であり、ここまでの過程において問題が見られないと判断した場合に、このワインは健全である（問題なく口に含んで飲むことができる）という言い方を用います。

　注がれたワインがどんよりと濁っていたり、澱（おり）や滓（かす）の様な物が大量に浮かんでいたりした場合にはこのワインは健全ではなく、何らかの問題点があるのでは？（口に含んでいいのかな？）という予測をするわけです。

　ありがたいことにわれわれが一般的に手にするワインには、あまり問題点の存在しているものは見受けられませんが、醸造過程や輸送、保管状態に問題があった場合には、このようなワインに変質してしまっている可能性もあります。

　外観の最終判断は健全性の判断とも言えます。

図表 1-12：最終判断

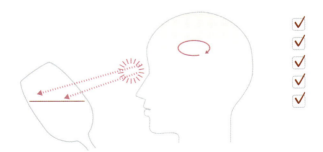

§1-3　外観を造る要素

　外観に大きく影響する要素として、ブドウの個性と栽培される環境（気候）が考えられます。ここでは、日照量の多い・少ない、気温が高い・低いという環境の要素によって現れやすい外観の特徴や果実の種類についてあげておきます。

図表 1-13：日照量による外観の特徴

白ワインの場合

赤ワインの場合

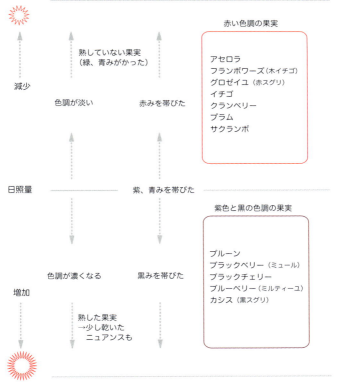

§1-4　外観の表現

ここまで、外観を構成する各要素について説明をしてきましたが、次にそれぞれの要素をどのように表現していけばよいかについて考えていきたいと思います。

[**各要素の表現**]

各要素についてよく用いられる表現をまとめました。
"清澄度合い・輝き・透明感""濃淡"については、次の項で説明する"色調"と合わせて表現するとより伝わりやすくなると思います。

図表 1-14：外観の表現例

外観の要素	外観の表現（例）
清澄度合い 輝き 透明感	透明感のある・輝きのある・きらきらとした輝きのある・澄んだ・やや曇った・不透明な・くすんだ・濁りの見える・浮遊物のある
濃淡	控えめな・淡い・しっかりとした・深みのある・濃い・濃縮感のある・凝縮感のある・黒みの強い・暗い
ディスク	厚みがある・やや厚みがある・中程度の厚み・やや薄い・薄い
粘性	粘性が高い・強い・しっかりとした 粘性が少ない・控えめな・あまり感じられない
ラルム（涙） ジョンブ（脚）	<数>数が多い・中程度の・少ない <厚み>（横から見て盛り上がっている様子） 　しっかりとした・厚みがある・あまり無い・控えめな <スピード>（グラスの壁面を流れ落ちるスピード） 　ゆったりとした・ゆっくりと・中程度の速さで・早い・あまり粘性が感じられない
気泡・泡立ち	<泡の種類>細かい・小さな・中振りの・大きめな <泡の持続性>持続性がある・あまり無い・細かく連なっている・不規則に続く <液面での持続性>長く保たれる・中程度の持続性・すぐに消えてしまう

[色調の公式]

　色調の表現は一言では伝えられないため、説明を重ねて"足し算"をしていくことによって、そのワインの持つ特徴に迫れるようにしていきます。
　次の公式にあてはめて表現していくと、色調の特徴をとらえやすく、分類しやすくなります。

色調を表現する―説明の公式―

[〜がかった ＋ 特徴 ＋ 基本の色調]

もちろんわかりやすければ順序は前後してもかまいません。

１）白ワインの場合

　白ワインの基本の色調である［イエロー・レモンイエロー・ライムイエロー］に［〜がかった］という表現を足していきます。

- 緑色がかった（緑色のニュアンスが感じられる）
  　　　　　＋レモンイエロー
  　　　　　＋ライムイエロー
  　　　　　＋イエロー

　以下同様に
- 黄色がかった（黄色のニュアンスが感じられる）
- 黄金色がかった（黄金色のニュアンスが感じられる）
- 茶色がかった
- オレンジ色がかった
- 赤銅色がかった
- 琥珀（こはく）色がかった

さらに、色調に連動する要素である"清澄度合い・輝き・透明感""濃淡"などの特徴を加えて以下のように表現をまとめていきます。

- 冷涼な気候のニュージーランドのソーヴィニヨン・ブラン
  　緑色がかった＋輝きのある＋ライムイエロー

- 暖かい気候の樽の効いたチリのシャルドネ
  　黄金色がかった＋落ち着いた外観の＋濃いイエロー
  　　　　　　（酸化のニュアンスによる）

２）赤ワインの場合

　赤ワインの基本の色調である［ルビー・ルージュ・ガーネット］に［〜がかった］という表現を加えてより特徴に近づけていきます。

- ●紫色がかった　　　＋ルビー
- 　　　　　　　　　　＋ルージュ
- 　　　　　　　　　　＋ガーネット
- ●ルビー色がかった　＋ルージュ
- 　　　　　　　　　　＋ガーネット

　以下同様に
- ●ガーネット色がかった
- ●黒みがかった
- ●ルージュ色がかった

　熟成表現として
- ●オレンジ色がかった
- ●レンガ色がかった
- ●マホガニー色がかった　　　＋ルージュ
- ●褐色がかった

上記に白と同様に他の特徴を加味して表現します。

- ●フランスのボージョレーの赤
  - 紫がかった＋明るい色調の＋ルビー

- ●オーストラリアのしっかりしたカベルネ・ソーヴィニヨン
  - 黒みがかった＋凝縮感のある＋濃い色調のガーネット

　また、フランスなどでは基本の色に加えて果実の名前を足して、よりイメージの共通を図る言い方も多いため、次の様な表現をおぼえておくとイメージが伝わりやすくなります。

　　例）　ルージュ＋（　　　　　）

● ルージュ＋スリーズ（サクランボ色の赤）
　　　　＋フレイズ（イチゴ色の赤）
　　　　＋フランボワーズ（木イチゴ色の赤）
　　　　＋グロゼイユ（スグリ色の赤）
　　　　＋カシス（黒スグリ）
　　　　＋ミュール（ブラックベリー）

＊ルビー・ルージュ・ガーネットについて

　ルビー、ルージュ、ガーネットについて、あまり厳格に分けるのは無理ではないかと思います。

　それぞれの色は次ページの図表1-15のように独立しているものではなく、実際には、図表1-16のようにそれぞれが影響しあって成り立っている部分もあるからなのです。

　例えば、同じ赤ワインの色について表現する場合に、

● ［ルビー色］から文章を構成した場合
　　　やや黒みがかった深みのあるルビー色

● ［ガーネット色］から文章を構成した場合
　　　紫色がかったやや淡い色調のガーネット色

というようにそれぞれに対しての主語である"色の名称"が違うだけで、本質的な色合いについては同じ内容を語っていることになります。

　ブルゴーニュの色調に近ければ"紫がかったルビー"を用いる、ボルドー系の外観には"黒みがかったガーネット"を使うことが多い、という大まかなラインはありますが、「ではローヌはどうなる？」、「若々しさのあるメルロは紫が強く感じられるのでボルドーだけれどルビーを使いたい」など、外観にはあまりしっかりとした法則はありません。

　したがって、ルビー、ガーネット、さらにはルージュという色の単語表現を用いて、いかに目に映る色合いを文章化していくのかという行為が大切なので、これは絶対ルビーである、これはガーネットであると言い切るためのものではなく、"香り"や"味わい""余韻"のコメントなどと合わせて、いかに現実のワインを言葉の中に当てはめていくかというところに主眼を置いてください。

図表 1-15：赤ワインの基本の色調

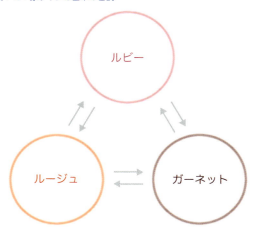

それぞれが独立しているのではなく、赤ワインの外観を構成するこれらの色は関係しあっています。

図表 1-16：基本の色調の関係

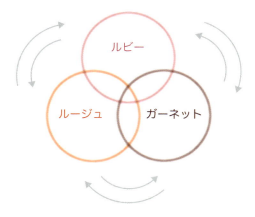

それぞれが重なっている部分があるので、どちらを主語に置くのかによって言い方が変わってきます。

3）ロゼワインの場合

ロゼワインの基本の色調である［ロゼ＝ピンク］に［〜がかった］という表現を加えていきます。

- 紫色がかった
- オレンジ色がかった
- ルージュがかった（赤みがかった）

白、赤と同様に表現していきます。

- 軽い漬け込み（マセラシオン）のワイン
  紫色がかった＋明るい色調の＋ロゼ

- フランスのジュラ地方の熟成感の出ているロゼ
  オレンジ色がかった＋明るい色調の＋淡いロゼ

＊ロゼワイン特有の表現

- ロゼ・サーモン
  少しオレンジ色が現れているサーモン色のロゼ

- 玉ネギの外皮の色
  少しオレンジ色がかった、明るい色調

- ヤマウズラの目
  透明感のある朱色に近いニュアンス

- グレーがかった
  なかなか日本語の感覚にはなりにくいのですが、"グレー＝灰色"としてしまうと透明感が感じられなくなってしまいますので、ワインに用いる場合には、"輝きのある真珠の表面"を表している［パール・グレー］と置き換えると説明がしやすくなります。

[外観から香りと味わいを予想する]

　色調の特徴をとらえることができたら、次のステップとして外観から感じる色調を目安に香りと味わいを予想します。

　外観が若々しい場合、香りや味わいも時制的には同じものと考えられるため、若々しい特徴を備えているはずです。したがって、白ワインの場合、外観が若々しくきらきらと輝くライムイエローであれば、香りや味わいにもライムやレモンや柑橘系の特徴が出ると予想されますので、そのことをふまえてテイスティングの用語に置き換えていきます。

図表 1-17：外観から香りと味わいを予想する

白ワインの場合

	若々しい	落ち着きのある	かなり熟成している
外観	透明感のある輝くライムイエローであるとすると	やや濃い色調。黄金色のニュアンスで粘性も高い	茶色、オレンジ色がかった輝きが控えめな色調である
香り	ライム、レモン、柑橘系、ハーブ、石灰、ミネラルがあると予想できる	香りにも落ち着きと複雑性があり熟成感が現れている	より複雑性がある、もしくは、少し弱まっている要素もある
味わい	酸が豊富で冷たくしておいしいと予想できる	外観・香りから受けた印象と同様、落ち着いたバランスと熟成感が表現されている	バランスがさらにとれ、まとまりのある味わいへ。深みと余韻が表現されていればより良い

これらのことをいつも頭に置きながら、外観でとらえた特徴と外観から予想した香り・味わいを、II章「嗅ぐ」・III章「味わう」でさらに深く確認していくことにしましょう。

赤ワインの場合

	若々しい	落ち着きのある	かなり熟成している
外観	紫色を多く備えた明るいルビーであるとすると	紫色が落ち着いた色調へ。少しガーネットへと進んでいく	少し赤みがかっていて全体的に落ち着きがあり熟成感が現れる
香り	香りにも若々しい紫色のスミレ、紫色のプラムなどがあると予想できる	香りの全体のバランスがとれてくる。第1アロマから変化が見られる	香りの要素にも落ち着きと複雑性が出ているはず。ドライフルーツ、なめし皮、樹皮など乾いたニュアンス
味わい	味わいにも若々しい酸味があり、強すぎない味わいの構成であることが予想できる	酸味や渋みなど、味わい全体の要素のバランスがとれてくる。余韻に品種や産地、造り手の個性が出はじめることもある	味わいも外観・香りの印象と同様、複雑性があり、熟成感のあるニュアンスが出ているはず。ドライフルーツ、落ち着いた苦みや渋み

[II]
香りを感じる

香りの構成要素を分析する

§2-1 香りを嗅ぐ

　外観から受けた印象をより深く確認する作業であり、どのような要素が存在しているのかと、わくわくする瞬間です。
　外観から受けた印象や予想を携えながらも、あまり先入観に引きずられ過ぎないように自分を保つ冷静さも必要です。

　香りを嗅ぐ際、初めは、あまり長い時間嗅ぎ続けないことが大切で、まず1秒（！）グラスの中の香りを吸い込みます。
　ここで何が感じられたかだけを確認します。あまり最初からたくさんの要素を細かく感じていくというのは無理なので「黄色い果実っぽい！」、「なんとなく甘そう？」といった程度で大丈夫です。
　次は2～3秒ぐらい息を吸い込みます。ここで、最初に感じた"黄色い果実"の種類や"甘そうだった香り"の正体は何だったのか（パイナップルだったのか熟した黄色いリンゴだったのか）などを時間をかけて判断していくのです。
　さらに慣れてくるとこれらの作業が同時に（無意識のうちに）早く正確に行えるようになってきます。
　このようになるまでには時間がかかりますが、［たまにテイスティングをしてそのときにたくさん数をこなす］というよりも、［毎日少しずつでもテイスティングを行っていく］ほうが、慣れるという意味からも上達が早いように思います。

図表 2-1：まず1秒！

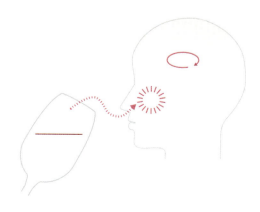

§2-2　香りを構成する要素

　香りを構成する要素には主に次のような項目がありますが、香りを判断するためには、一つ一つの要素を単独でとらえるのではなく、これらの要素がどのような構成で存在し、どのように連動しているのかを探っていくことが大切です。そして、最終的にそれらの要素がどのような理由で存在しているのかを分析していきます。

グラスに鼻を近づけたときにまず感じられる香りをとらえる
　　　●香りのアタック
　　　●香りの中心にあるもの（どのアロマが表現されているのか）
　→大まかな構成（香りの強さ、特徴的な香りの要素）をつかみます。

さらに細かく情報を集めて総合的に判断する
　　　●濃縮感、凝縮感
　　　●持続性（余韻の長さ）
　　　●複雑性
　→最初にとらえた特徴と、連動させて判断します。

「なぜ」そうなのかを分析する
　→自然環境からの要素（品種、産地、ヴィンテージなど）なのか、
　　自然環境以外の要素（醸造技術、熟成環境など）なのかを分析します。

図表 2-2：香りの判断

[第1、第2、第3アロマ]

　ワインの香りの構成を見分ける上で大きな手がかりになるものとして、第1、第2、第3アロマという分け方を行います。この3つの特徴を覚えると、ワインの現時点の状態をより把握することができるのです。

第1アロマ　ブドウ品種本来の香り
　ミュスカ、ゲヴュルツトラミネル、ヴィオニエなどの持つ、花や果実の香りなどのわかりやすい要素。逆に言うと、特徴的な香りを持つ品種のみわかりやすく判断できるとも言えます。

第2アロマ　醸造、発酵由来の香り
　アルコール発酵や、マロラクティック発酵（→ P.81）によって生成される杏仁系の香り、果皮の浸漬に加えて低温発酵などから得られた華やかな白い花の香りやキャンディ香などが存在していれば第2アロマ主体である、という言い方をします。

第3アロマ（ブーケ）　熟成によって得られる香り
　熟成によって現れる香りの落ち着きや、それぞれの要素が溶け合った香り。ピノ・ノワールであれば、なめし皮や、紅茶、湿った落ち葉の様な香りをブーケと呼びます。

　ワインの香りがシンプルに感じられ第1アロマ主体であれば、「このワインは若い」と推測することができますし、落ち着いた印象のブーケが充分に感じられるのであればこのワインは熟成している（造られてから時間が経っている）と言えるのです。
　「どのアロマが支配しているのか？」という点に気をつけて判断すれば、これらの要素から、ワインが造られてからどれぐらいの時間が経過しているのかを判断することが可能になります。

[香りのアタック]

"香りのアタック"とは、まず鼻を近づけて香りを嗅いだ際に、香り自体が、はっきりと強く感じられるものなのか、割と控えめに立ち上ってくるものなのかをとらえることです。香りのアタックでは最初に感じる"強さ"と"要素"、この2つの特徴をみつけて印象付けるようにします。

香りのアタックは、「強くはっきりしている、強すぎない、控えめな、やや弱い」などの言葉を使って表します。これにはそのワインのアルコール度数も関連していることが多く、どのような酒質のワインかを判断する大切な第一歩なのです。

白ワインではっきりと強い香りがする場合には、ヴィオニエや、ミュスカを用いたワインの可能性がありますし、赤ワインであれば、暖かい産地のカベルネ・ソーヴィニヨンやグルナッシュかもしれないわけです。

次に香りの中で、現時点では何が主役なのかを判断します。香りのアタックの中で最も主張してくる要素をとらえることで、そのワインに対して多くの要素(手がかり)を読みとる下地が作られるのです。

例えば、
- 白い花の香りが強く立ち上る割には、他の香りの要素があまり感じられない
    → 低温発酵による第2アロマが主体な若い状態

- ロースト香や、タールっぽい香りが目立つ
    → 新樽を効かせた造りで、少し長めの熟成を狙っている

など、テイスティングにおいて、ただ漠然と香りを探しに行くのではなく、すべての要素には、それを作り上げた要因が存在するということを常に意識して、ワインが今どんな香りを情報として提供してくれているのかを感じなくてはなりません。

雑誌や本などにあるような大まかな見出しこそがワインにおける香りのアタックに匹敵するのです。

[**香りの構成と分析**]

　香りのアタックに次いでみるポイントが香りの構成です。

　すでに外観の印象から、このワインがしっかりしたものなのか、軽いタイプなのかを判断し、さらに香りのアタックから大まかなワインの構成がつかめてきていると思いますので、さらに細かく情報を収集します。

　「香りに厚みがあり、余韻も長い」、「割と控えめな香りで、特に支配的な香りは感じられない」など、今までの判断にさらに情報を書き込んでいきます。具体的には、次の１）〜３）にあげるような要素を加え、連動させていくことで「香りの構成」を判断していくのです。

　ここで重要なのは、なぜしっかりとした香りが存在しているのか、なぜ淡く控えめなのかを合わせて考えながら続けていくことであり、このあたりから使用品種の予想を立てていくことが可能になってきます。そして、この「なぜ」を分析していくことが最終的な目標です。

１）濃縮感・凝縮感

　香りを判断する場合には、分析してどのような構成要素があるのかみていくと同時に、その香り自体にどれくらいの濃縮感、凝縮感があるのかも判断します。

　濃縮感、凝縮感があるワインには理由があります。自然環境からの要素として、ブドウにとって大変良い年・ヴィンテージだった、暑い産地で色の濃いブドウを用いているなど、また、自然環境以外の要素として、果汁の濃縮や、醸造テクニックによって濃縮感のある香りを導いているなどが考えられます。

　香りのアタックでとらえた「香りの強さ」に、これらの要素を連動させて、［強い・控えめである］という総合的な判断をくだしていきます。

２）持続性（余韻の長さ）

　鼻をグラスから離したときに鼻腔に残る香りの持続する時間が［短い・長い］も、ワインの大きな個性の一つになります。

　余韻については［香りに持続力がある、あまり無い］というように判断をしていくわけですが、香りの分析的な要素（どのような香りの要素が存在しているか、支配的な香りは何かなど）、香りの［強い・弱い］、余韻の［長い・短い］を組み合わせて、産地の個性、それと連動して表現されているはずの品種の個性をみていきます。

　例えば、同じ品種で、同じ色調でありながら、香りに［強い・弱い］という違いがある場合にはヴィンテージの違いや、その他の何らかの要素が考えられます。

3）複雑性

　香りが［複雑である・控えめでシンプルである］といったように香りの複雑性も香りの構成を知る大きな手がかりとなります。これらも"自然環境"の要素である産地やヴィンテージ・品種の特徴から大きな影響を受けていますし、それ以外には、熟成環境や樽の使用比率などによっても影響を受けていることがあります。

「香りが複雑である」場合の考え方の例

- 暑い地方で日照量の豊富な場所、また、そのような環境を好む品種からの個性の表現として用いる場合

- ピノ・ノワールでみられるように熟成感があるために複雑性を帯びている場合

- 強い酒質に合わせてしっかりと新樽を効かせているために、香りの要素が複雑に感じられる場合

＊少し上級者向け

　「このワインは凝縮感のある香りで強く立ち上り、少し香ばしいロースト香が持続するタイプだ」と判断したとします。そうした場合にここから今度は分析を始めます。なぜそうなのかを探しにいくわけです。なぜ凝縮感があるのか、なぜ香りに持続性があるのか、ロースト香はどこからきているのかを考えます。

　もし、強い香りで持続性があった場合には、大まかな品種に加えてのその醸造テクニックを予想していきます。ロースト香に表現されている樽からの要素や、さらにできるのであれば新樽の使用されている割合など、そのワインの持つ個性的な要素をしっかりと判断していきます。この部分の経験や知識が増すことによって、産地の予想や、醸造の方法が見えてきます。

　スパイシーで黒コショウの香りなどシラー種の特徴があるのに加えて、アメリカンオークの樽による特徴的なヴァニラ香が目立ち、さらにあと味に少し甘味が感じられると判断した場合、それはどちらかと言うと、フランスのローヌ地方の伝統的な造り手と予想するよりも、オーストラリアやチリなどの産地で造られたシラーを予想すると言った具合です。

§2-3　香りの分類

　ワインには様々な香りの要素が存在しています。身近にある香りでも、実際に香りの表現として、どの単語をどのように使っていけばよいのかというのは、初めのうちは悩むところだと思います。ここでは、よく使われる香りの表現について、その特徴や用い方をまとめました。

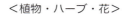

＜植物・ハーブ・花＞

草のような

この単語は以前は日照量の足りない産地や天候に恵まれなかった際のワインに、欠点の表現として用いられることが多かったのですが、最近ではひとつの個性としての白ワインの表現に使われることが多くなってきました
特に品種として若いソーヴィニヨン・ブランの個性として顕著に現れます。

若葉

字のとおり、若いワインに現れる要素です。
この香りのあるときには、味わいにも同様に若い鋭角的な酸味が現れることが多く見受けられます。

シダ

シダ植物は湿気のある日陰に生息するもので、乾いてはいない、湿った状態での湿度を感じさせてくれるワインに用います。やや個性的なフランスの南西地方（Sud-Ouest）の若いワインの持つ控えめな清涼感などに用いることもある単語です。また場合によっては、メルロ種の熟成感を表す際にも用いるので、他の用語とうまくワインの時制（どの熟成段階のワインを表す表現として用いているのか）を合わせて用いる必要があります。

ピーマン

基本的には緑色のピーマンを表します。若さの残るカベルネ・フランの特徴です。特にフランスのロワール川沿いのアペラシオンに顕著に現れることが多く、また、わかりやすく存在することの多い香りです。
ヴェジタル（植物・野菜）系の中でも割と判断しやすい特徴のうちの一つで、北の産地や涼しい気候で育てられたソーヴィニヨン・ブランにも現れやすい香りです。

アスパラガス

ワインのテイスティング用語としては、一般的には緑色のアスパラガスを指しますが、場合によっては、"白い色の""緑色の"とはっきり区別した上で使われることもある単語です。この単語も若さを表すもので、野菜よりはハーブ系に。ロワールのシノンやソーミュール・シャンピニィのカベルネ・フランのワインに多く使用したり、ソーヴィニヨン・ブランに多くみられる物質であるメトキシピラジンの個性として用いられることもあります。

茎臭

若い特徴を持ち、口に含んだ際のやや苦みを連想させるワインに用いますが、エルバッセ（Herbacé：青い草）の要素としてやや減点の表現としても用いられます。ただし、新樽に入れられたフランスのラングドック地方の（特に日照量に恵まれた温かい産地の）若い赤ワインの還元臭としての表現もあり、慎重に用いる必要のある単語です。

タイム

この表現にはフレッシュなハーブとしてはもちろんのこと、乾燥している状態も含まれるので、前後のコメントと時制を合わせてフレッシュなものか乾燥（ドライ）のものかを説明して用いる必要のある単語です。フィーヌ・ゼルブと呼ばれるフレッシュなハーブとは異なり、かなりの香りの持続性と、嗅いだ瞬間にわかる個性的なニュアンスが必要とされる単語で、暖かい地方で造られたワインに多くみられる表現です。
似た表現としては、南フランスで造られる赤ワインの個性的な香りに対して用いられることの多いガリッグ*（Garrigue）という表現がありますが、こちらは単体での香りではなく、いろいろな花や香草としての葉が交じり合ってそれらが強い日射しによって生まれる乾いた香りという解釈がなされています。

フィーヌ・ゼルブ

* ガリッグ：南フランスの乾いた土壌に、タイムやローズマリーなど香りのしっかりとしたハーブが混ざり、それが風に乗ってまとまって感じられるような様子を指します。

ミント

日本ではスペアミント、ペパーミントなどの植物の香りはもちろんのこと、すっきりした香り、清涼感なども一括にされて"ミントの香り"と使われていることが多いように見受けられますが、白樺の林の中を歩いた際に感じられる香りなどは、森林浴の際に感じられる"フィトンチッド"という成分による清涼感であり、樹皮などの木質の香りの構成に近いものです。そのため清涼感を感じた場合にコメントとして用いる際にはどの種類の香りなのかを自分自身で判断し、気をつけて使用する必要があります。
小さな緑色の葉を持つミントの香りはどちらかと言うと白ワインに用いることが多く、すっきりとした若いワインの香りにはもちろんのこと、遅摘みや貴腐ワインなどの甘口ワインの中にも存在することが多い表現です。

スペアミント

ペパーミント

アネット、ウイキョウ（フヌイユ）、ディル

緑色のハーブで、すーっとした独特の清涼感を伴います。よくスモークサーモンの付け合わせとして用いられることが多い香草です。北の産地や、石灰岩質の土壌で造られたワインの香りに見受けられることが多く、引き締まった香りの印象を与えます。

ウイキョウ

ディル

クマツヅラ（ヴェルヴェンヌ）

レモンバーム

ユーカリ

クマツヅラ（ヴェルヴェンヌ）

その上品な香りの構成のためか、ハーブティーの原料として人気が高く、香りはもちろん、味わいにも現れてくる緑色のニュアンスの清涼感がクマツヅラ（ヴェルヴェンヌ）の特徴です。ワインを嗅いだ際、もしくは飲み込んだ際に感じることのできる清涼感の一つであり、どちらかと言うとやや控えめな清涼感を表すのに使います。

では、ほかに強い印象を受けた場合にはどんな単語を使えばよいのでしょうか？

- クマツヅラ（ヴェルヴェンヌ）、レモンバームなどのハーブ系のやわらかいタイプ
- ミント系の香りとして、スペアミントや、ペパーミントなど
- さらに強い清涼感としてオーストラリアの白ワインなどに多くみられるユーカリなど

があります。

したがって、今感じている清涼感がどのレベルのもので、何に起因しているものなのかを考えて、言葉を選んでいく必要があるのです。
より日照量に恵まれた積算温度の高い産地のほうが、そして新樽からの影響の多いほうが、香りや味わいの清涼感をより強く印象付けることが多いのです。

菩提樹

ハーブティーなどで多く用いられるもので少し清涼感を伴います。花の部分なのか、乾燥したハーブの香りなのか、もしくは、"菩提樹の花束"のようなまとまったニュアンスを伝えようとしているのか、という点を理解して使い分ける必要がある単語です。

スイカヅラ

知名度の高い割にはあまり知られていない白い花の特徴と、少し青い植物のつるの部分に似た緑色のニュアンスとを同時に伝えたいときに用います。上級になると菩提樹やユリなどの白い花単体のニュアンスとの使い分けが要求されるところです。

スミレ、アイリス

外観から受ける印象そのままの紫色の強すぎない香り、少しの清涼感を伴う場合に用いることが多い単語です。若々しさも表します。

バラ

赤いバラ、白いバラなど、基本的には花の色、すなわちワインの色調によっても使い分けられますが、割合しっかり日の光を浴びて花開いた状態を表します。また香りの出方が少し控えめな"バラのつぼみ"や、少し乾いたニュアンスの"しおれたバラ"、完全に乾いてしまった状態の"ドライフラワー"など、ワインの熟成度合いや、それにつれての乾き具合により用いる単語を変えていきます。
ゲヴュルツトラミネルの中にもバラの香りがあるとされています。

野バラ

自然界の中にある野バラのほうが、花の大きさもやや小ぶりで、香りの出方も控えめなのですが、味わいに少し酸味を予想させる場合に"バラ"と区別して用いられることのある単語です。
ただし、あまり花の名前や、その状態に細かく言及するというよりも、フローラルな香りが存在しているんだなと、素直に認識していく過程のほうが大事です。
フランスなどでは固有名詞を細かく伝えるというよりも、花の色や、花弁の大きさ、香りの強さ、持続性などを伝えるために、花の名前を用いることが多いように思います。

芍薬、牡丹

日なたに咲いた赤い花のしっかりとしたニュアンスを伝える香りです。日照量の豊富な地域で造られた赤ワインに用いられることが多い表現です。

芍薬

ユリ

はっきりと立ち上る大ぶりのユリの花の香りは、日照量の多いニュアンスが感じられ、香りの量も豊富であった場合に用います。

アカシア *

花の香りのほかにも木質系の香りを伝えることもあります。
 Fleur d'acacia：アカシアの花の香り
 Miel d'acacia：アカシアのハチミツの香り

* アカシア：　日本で一般にアカシアと呼ばれているのは「ニセアカシア（ハリエンジュ）」のことです。白い花と上質のハチミツで有名です。

ニセアカシア

＜白ワインに現れやすい果実＞

＊この写真の順番にはとらわれないようにしてください。

白い酸味のある果実
順番は大まかな目安として青リンゴ、黄リンゴ、赤リンゴというように果実の皮の色や「酸味を伴う」など、どのように酸味と甘味とのバランスが表現されているのかをまず自分自身でしっかり感じてから果実に置き換えていくことが大切です。

ライム

リンゴ

レモン

洋梨

グレープフルーツ

マルメロ

カリン

オレンジの果実

どちらかと言うと、白ワインの粘性のあるタイプ＝甘口、遅摘みなどに多く存在する果実の特徴です。
また暑い産地やヴィンテージのしっかりとしたボリューム感のあるワインにも用います。

日照量の多い特徴の果実

トロピカルフルーツ、フルーツ・エキゾチックなどと呼ばれる個性ある果実です。
甘味と粘性はもちろん、穏やかな酸味を表現する場合に多く用います。

アプリコット

パイナップル

プラム

パッションフルーツ

ビワ

マンゴー

桃

ライチ

＜赤ワインに現れやすい果実＞

果皮の赤い果実

赤ワインを分析していく場合にはこれらの果実を常に頭の片隅におき、どの果実の特徴に近いのかを考えながら、酸味を連想させる香りについては、木イチゴなのか？サクランボなのか？赤い熟したリンゴなのか？というように、慣れないうちは一つずつ当てはめていきます。

経験を積んでコメントに慣れるようになると早く区別できるようになります。

外観からの印象、そして香りから受けた果実の種類を急ぐことなく的確に区別できるように（コメントを続けるように）意識して心がけてください。

フランボワーズ（木イチゴ）

サクランボ

イチゴ

アメリカンチェリー（レッド）

グロゼイユ（赤スグリ）

リンゴ

ザクロ

果皮の黒い果実

赤い果実に比べると、果実の濃縮感・凝縮感や、皮をすりつぶしたような少し渋みや苦みを連想させるような香りの要素が増えてくるはずです。

これらも同様に一つずつ要素を確認しながら、どの果実を用いると、一番ワインの持つ香りの要素に近いのか、またなぜその果実になるのかを考えて、選んでいってください。

カシス（黒スグリ）

ブラックチェリー

ブルーベリー（ミルティーユ）

紫スモモ（クウェッチ）

ブラックベリー（ミュール）

<スパイス>

黒コショウ

フランスのローヌ地方のエルミタージュやコート・ロティなど、シラー種を用いたワインに多く現れる香りです。日照量＝日なたのニュアンスとも合わせて用いられることも多い表現です。黒コショウといっても、最もわかりやすく香るのは挽いたもので、荒くつぶすような感じで挽いたもののほうが、細かく挽いたものより香りが良く立ちやすくなります。

上質のシラー種のワインに用いられる黒コショウの香りは、つぶす、挽くといったニュアンスのものよりも、ホール＝すなわち丸のままの黒コショウを5〜6粒くらい手のひらに載せ、ほんの少しの水分を加えて、手のひら同士をこすり合わせたようなこの香りに最も近いと私は思っています。

白コショウ

名前の通り、黒コショウとは異なり、白ワインに用いられることも多い表現です。

北の日照量の少ない産地のワインには現れにくく、やはり日照量の豊富な温かい産地のワインに現れやすい香りです。特にマルサンヌ、ルーサンヌで造られるワインには現れやすく、熟成感とともに白コショウがわかりやすくなります。ボルドーの（中でも）グラーヴ地区で造られた白ワインに現れることもあり、こちらにはより清涼感が現れやすくなります。

青コショウ

(個人的にはあまり使うことは少ないのですが)白、赤どちらにも存在することのある香りです。日本では"木の芽"や"山椒"に近いというニュアンスで用いる場合も多い香りの表現で、南オーストラリアのバロッサの若々しい力あふれるシラーズ種にはよく現れる香りです。

ローズマリー

はっきりとした香りの特徴があり、わかりやすいハーブの一つです。
"フレッシュな香り"を表す場合と、"乾燥したタイプ"を使い分ける必要があります。

コブミカンの葉

タイ料理でよく知られている香りです。清涼感があり、味わいにも緑色のハーブの要素を多く表すタイプです。少し個性的な香りを備えたワインを表したい場合に用います。

コリアンダー

コブミカンの葉などと同様に、個性的な香りを表します。
やはり南の日照量を好む品種から造られるワインに用いることが多い単語ですが、とても暑い年のオーストリアを代表するグリュナー・フェルトリナーという品種から造られた白ワインに現れることもあります。

<熟成感を表す表現>

干し草

"干した草"と言うぐらいなので、当然水分はなく乾いた状態になっています。したがって、熟成感のあるワイン、基本的には白ワインに用いることが多い表現です。また、この単語を使うということは、外観や香り・味わいに均等に熟成感が現れてきていることが必要です。

枯れ葉

水分を失い地表に落ちた葉を表し、コメントとしても同様に完全な熟成表現となります。場合によっては熟成の進みすぎたワイン、すなわち飲み頃を過ぎてしまった、やや酒質の低下がみられるワインに用いることもあります。

タバコ(の葉)

ご存知のようにタバコの葉は、乾燥させているため基本的には茶色をしています。(もともとは植物なので緑色なのですが、テイスティング用語としては、あまり用いません)この単語も熟成感や、飲み頃を表すのに用いられることが多い単語です。特にピノ・ノワールに用いる場合にはかなりの熟成感と、そのワインが造られた畑が他に比べて恵まれた場所に位置していることや、造り手が優れているかもしれないということ、さらにはその造られた年のコンディションまでも含めて表現していることがあります。

アニス

一度嗅ぐと忘れられないような印象的な香りであり、南フランスの人気のある飲み物の一つであるパスティスやリカール（Pastis, Ricard：薬草系のリキュール）などの香り付けに用いられていることでも知られています。
中華料理に用いられることも多く、ワインの中にこの香りが存在するなんてと驚かれるかもしれませんが、フランスのローヌ地方の古いエルミタージュの白に現れることもあります。

スターアニス

アニスシード

シナモン

シナモンスティックでよく知られる香りです。オリエンタルなエピス（スパイス）の香りに少し甘味を思わせる香りがこのシナモンの特徴です。日照量の多い産地の白ワインや、貴腐や遅摘みによって造られた甘口タイプ、シェリーやホワイト・ポートにも存在します。

丁子 (ちょうじ／クローヴ)

前出のアニスにも似たオリエンタルな香り。単体で用いられるよりも、シナモンやアニスとともに用いられることの多い香りの表現です。

ベイリーフ（ローリエ）

単体ではそれほどの強い香りはありませんが、他の香りの要素と組み合わせて（ローズマリーやタイムなど）そのワインの香りの特徴（香りのアタックに乾いた要素が出ているなどの方向性）を強調する場合に用います。若々しいよりは少し乾いた、熟成感を表したい場合に用いることが多い表現です。

紅茶

代表的なものとしてはピノ・ノワールの熟成香としても知られています。ただし、すべてのピノ・ノワールが時間の経過とともに"紅茶の香り"に変わっていくかというとそうではなく、（ピノ・ノワール以外であっても）良い年の、良い場所の、良い造り手によるもので、さらには、良い保管環境にあったボトルにのみ与えられた可能性と思っていたほうが良いと思います。紅茶という表現は、ある程度、限られた上質のものにのみ用いることのできる特権的な単語でもあるのです。

テイスティング用語として用いる場合の紅茶という表現は、熱い、淹れたばかりの紅茶を指しているのではなく、やや時間が経ち、温度的にも少し冷めた状態の紅茶を指すことが多く（より香りがわかりやすくなるため）、アッサムなのか、ダージリンなのかというよりも一般的な紅茶の香りを指し示します。そして、さらにその香りの中にある要素を感じとれた場合に初めて、細かく紅茶の種類にまで言及していくのです。

きのこ(シャンピニオン)

コメントにおいてきのこ(シャンピニオン)を用いる場合には大きく分けて外観による色の違いから、2種類のきのこを使い分けます。

シャンピニオン・ド・パリ

● 色の白いきのこ
シャンピニオン・ド・パリと呼ばれるホワイトマッシュルーム、セップ茸など

● 色のついているきのこ
色の黒いモリーユ茸、色の黄色いジロール茸、などというように外観による違いは見た目の通りで、やはり色の濃いほうが、より香りの出方や持続性もあり、より複雑性に富むということになります。

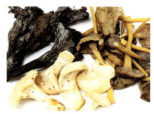

左上:トランペット・ド・ラ・モー
右上:シャントレル
下:ピエ・ド・ムートン

基本的にきのこの香りを用いる場合には、ニュアンスとして"湿っていること"が必要になります。すなわち、きのこが生えている環境に近いような湿度、湿った土やぬれた落ち葉などの感じがワインの香りの中に必要になります。
また、白い色のきのこを感じさせる香りには、時として白カビチーズの香りに似て感じられるものもあります。(良い熟成環境にあるカマンベールや、ブリ・ド・モーの白い外皮の香りに似てきます。)
さらには干した状態、すなわち乾燥した状態では、より凝縮した旨みを指す単語(例:乾燥きのこ)として用いられることもあります。

乾燥セップ

黒トリュフ表面

黒トリュフ断面

トリュフ

ワインの香りにおける最大級の賛辞であり、逆に言うとあまり頻繁には用いることのない単語だと言えます。トリュフには黒と白の2種類のタイプがあるのですが、一般的にトリュフの香りといわれる場合は黒トリュフを示しています。自然界におけるトリュフの生成のメカニズムは、依然として解明されてはおらず、そのために大変に高価な価格で流通しています。

ワインに対しても同様で、トリュフの香りというコメントを使うには、畑のポテンシャルのある良い造り手のものが、熟成を経て造り出されたというとらえ方をします。

トリュフの香りの出方にもいろいろあり、コメントも上級になってくると、薄くスライスしたものや、ある程度厚みのあるもの、オリーヴオイルに漬け込んだものからフレッシュなものまでそのワインの特徴によって使い分ける場合もあります。

白トリュフ表面

白トリュフ断面

スーボワ －森の下生え－

この香りについてもさまざまに解釈されてきました。"スーボワ"すなわち"木の下の部分"ということでなかなか日本語には変換しにくい単語の代表ではないかと思われますが、"木の下の部分"すなわち"下生え"という環境がどういうものかというところから考えてみます。

スーボワという単語には、特別な指定がなくても季節は秋、特に"晩秋"に近い環境を指し、"春のスーボワ"、"真夏のスーボワ"といった使い方をされることはありません。

晩秋の山の木々の下（根元）の部分には湿った土と、上から降り積もった落ち葉が堆積し、そのうちの一部分は乾燥し乾き始め、またそのうちの一部分は少し落ち葉が腐り始めていたりと、さまざまな様相があるのですが、そういった自然環境のすべてから感じられる要素をスーボワという単語に置き換えているとご理解ください。

すなわち湿気を帯びた熟成感のあるワインに対して用いられることが多く、若さが前面に出ているタイプのワインにはあまり用いない単語です。

腐葉土

これは読んで字のごとくで、落ち葉などが適度な湿り気のある中で少しずつ腐ってできたもので、テイスティング用語においては熟成感を表す単語であり、香りに腐葉土の要素を用いる場合には、外観や、そして味わいにも時間の経過による熟成感が必要になります。

＊スーボワと腐葉土

スーボワと腐葉土は、ほぼ同じ意味であると解釈されて用いられていますが、個人的には、スーボワには枯れた落ち葉などの茶色のニュアンスがまだ残り、腐葉土のほうがより湿った黒い土（地面）に近づくニュアンスがあるように感じています。ですから、スーボワから腐葉土に進み、鹿肉や鴨などの動物の血液が酸化したような香りの凝縮感が加わり、さらにまとまりがある場合に土の中で形成されるトリュフへと香りが育っていく順番でコメントを用いています。

ハチミツ

甘く粘性に富む香り、アカシアのハチミツや、花の蜜の香りなど、素材名をきちんと述べる場合もあります。

蜜蝋

ミツバチの巣を作っている成分で、ハチミツに比べ、香りが穏やかです。滑らかさがあり、粘性の高い少し熟成感のあるしっかりとした白ワインに用いられることが多い単語です。

しおれた花

名前の通り、水分の抜けているドライ状態であり、ワインにおいても同様に時間の経過を表し、熟成した状態を表します。咲いていた状態に比べての香りや、味わいの凝縮感を同時に表す要素のある表現です。

赤身の肉

主に赤ワインに現れる香りで、よく熟した年（ヴィンテージ）であれば、シラー種に現れることもありますが、どちらかと言うと少しの熟成感とともに現れることのほうが多いとされる香りです。赤身の肉という表現に加えて、熟成感のある少し乾いた燻製肉、干した肉（ジャーキー）など状態を使い分けていきます。
牛肉をイメージすることが多いのですが、より赤みを表す場合には"鹿肉"を用いたり、より複雑味や鉄分なども表したい場合に、"鳩の赤い肉質を思わせる"という表現を用いる場合もあります。

＜乾燥のニュアンスを表す表現＞

水分が抜けることにより、甘味が凝縮されます。
香りと味わいの両方の説明に用います。
V.D.N.*（ヴァン・ドゥー・ナチュレル：Les Vins doux Naturels）や V.D.L.**（ヴァン・ド・リキュール：Les Vins de Liqueurs）などには多く用いられます。

*V.D.N.：発酵の途中でアルコールを加えて、甘味を残す造り方

**V.D.L.：リキュールワイン発酵前にアルコールを加えて、甘味を残す造り方

干しブドウ

乾燥プルーン

乾燥アプリコット

乾燥イチジク

<樽のニュアンスを表す表現>

＊木樽や古樽など（新樽ではない）樽からの個性が少しの酸化的な熟成感とともに表現されている場合に用います。

焼いたパン

小麦に少しずつ熱が加わっていくようなやさしい香ばしさ。M.L.F.（マロラクティック発酵→ P.81）を樽で行ったタイプのシャルドネにこの香りが出やすいとされています。

焼いたパン

ナッツ系の香り

樽からの要素が多く現れる場合に使われる単語です。焼いた、ローストした、など加熱の具合によってその現れる強さなどを表現します。
日照量の多い、チリや、カリフォルニアの樽を多く用いた造りの白ワインにわかりやすく現れます。この場合は少しキャラメル的な甘苦い要素も多く存在します。
熟成を経た白ワインに現れることも多く、この場合にはナッツに少しハチミツをかけたようなニュアンスを表す場合もあります。

焼いたアーモンド

ヘーゼルナッツ

くるみ

黒檀（こくたん）

名前の通り、黒い木であり、独特の香りを持っています。ブドウ由来というよりは樽からの影響であったり、暑い地方で大樽などに入れられ、酸化的な熟成をした赤ワインに現れます。

＊新樽であった場合は、ヴァニラ、モカなどもう少しはっきりとした表現を用います。

ヴァニラ

以前はこの香りがワインの中に存在していれば、オーストラリア産かカリフォルニア産かと、まず産地をある程度限定して（想定して）いったものでしたが、最近はこの香りはより控えめに、より繊細なニュアンスで用いられることが多くなってきています。
ただし、このヴァニラの香りがワインの中にあるということは、フレンチオーク（フランス産の木・オークから造られた樽）よりもアメリカンオーク（アメリカ産の木・オークから作られた樽）のニュアンスがあるということになり、産地を探す際の手がかりになる香りであることには変わりはありません。

白檀（びゃくだん）

少し清涼感を感じさせる香りの構成。"お香"にも似た木質の香りがあります。しっかりしたボルドーの白ワインと、新樽との組み合わせで造られたワインによく現れます。

白ワイン　ー若々しい印象ー

春から初夏を思わせるような若々しい印象。色調は緑色で味わいに酸味も予想される要素。

①シダ
②アスパラガス
③タイム
④ミント
⑤ウイキョウ
⑥ディル
⑦コールラビ
⑧ユリ
⑨バラ
⑩ライム
⑪レモン
⑫グレープフルーツ
⑬カリン
⑭リンゴ
⑮マンゴー
⑯黄桃(シロップ漬け)

白ワイン　ー落ち着きのある印象ー

秋から冬にかけての落ち葉や湿った土などを思わせる特徴。茶色やオレンジの色合いを帯びている。

①ウイキョウ
②ディル
③タイム
④ミント
⑤紅茶
⑥きのこ
⑦白トリュフ
⑧バラ
⑨ハチミツ
⑩洋梨
⑪パイナップル
⑫パッションフルーツ
⑬マンゴー
⑭黄桃（シロップ漬け）
⑮アプリコット（シロップ漬け）
⑯干しブドウ
⑰ヘーゼルナッツ
⑱クルミ
⑲焼いたパン
⑳ヴァニラ

赤ワイン　ー若々しい印象ー

みずみずしく、香りにも力のある特徴。ルビー色や紫色のニュアンスが現れている。

①ヴェルヴェンヌ ⑧ザクロ
②ユリ ⑨リンゴ
③バラ ⑩ブルーベリー
④紅茶 ⑪ブラックベリー
⑤フランボワーズ ⑫チェリー（シロップ漬け）
⑥イチゴ ⑬紫スモモ（シロップ漬け）
⑦グロゼイユ

赤ワイン　ー熟成感のある印象ー

少し乾いたニュアンスを感じる要素。 熟成による香りや味わいの複雑性も加わってくる。

①タバコ（葉巻）
②紅茶
③きのこ
④黒トリュフ
⑤腐葉土
⑥しおれた花
⑦ブルーベリー
⑧ブラックベリー
⑨紫スモモ（シロップ漬け）
⑩ドライプルーン
⑪くるみ
⑫赤身の肉
⑬ヴァニラ
⑭コーヒー豆

§2-4　香りを造る要素

　ワインの香りの中には、品種やそれをとりまく環境から生まれる特有の香りのほかに、醸造技術や熟成環境によって造られる香りが存在します。特徴的な香りを造り出す醸造的な要素のうち、主なものをあげておきます。

マセラシオン・カルボニック（Macération Carbonique）
　炭酸ガス浸漬、と呼ばれる方法で軽やかな果実味のあるタイプに仕上がります。
　ブドウを破砕せずに炭酸ガス内で一定期間置いておくことにより、果粒中に起こる発酵反応を利用して造り上げる方法で、ガメイ種によって造られるボージョレーが有名です。
　この方式から造られるワインは早くから楽しめる場合が多いため、フレッシュな赤い果実の香り、少しバナナっぽい香りが現れることもあります。味わいはフレッシュでフルーティーで飲みやすく、やや低めの温度で楽しみたいタイプが多いのが特徴です。

樽熟成 ―樽からの要素―（Vieillissement en barrique）
　樽材に使用されているオークが"どこで育ったか"による産地ごとの木質の個性に加え、ロースト具合によって、ワインに影響のある香りや味わいの要素が変わっていきます。
　黒っぽいスパイス、丁子（クローヴ）、黒コショウ、ココアの粉末、ビターチョコレート、煙（スモーキーな）の要素などが現れやすく、フレンチオークに比べてアメリカンオークではヴァニラの香りが出やすいと言われています。

氷果仕込み／クリオエキストラクシオン（Clio-extraction）
　収穫したブドウを人工的に凍らせ、水分が凍っている状態で低圧で搾り、糖分の豊富な果汁を得る方法です。方法としてはアイスワインの考え方と同じです。主に白ワインに用い、熟した白い果物を思わせる香りが特徴です。

低温発酵・スキンコンタクト

低温発酵とスキンコンタクトは目的として同時に行われることが多いため 2 つまとめて表記します。

- ●低温発酵（Macération Bas Température）
  主に白ワインに用いられることが多く、品種の持つもともとの香りに加えて、低温を維持することにより、より複雑な個性を引き出すことを目的としています。

- ●スキンコンタクト（Skin Contact Macération Pelliculaire）
  スキンコンタクトとはその名前の通り、果皮との接触を積極的に行う赤ワイン醸造における"醸し（かもし）作業"のことであり、これを白ワインの醸造に用いることにより、白ワインの品種ごとの特性を引き出す狙いがあります。

これにより品種ごとの香りに加えて、白い花の香りや、キャンディ香のような特徴が出やすくなってきます。

シュール・リー（Sur Lie）

アルコール発酵後、澱引きをしない状態で"澱（おり）"とワインとを発酵槽の中で接触させたまま翌年まで置いておき、その後瓶詰めする方法です。

フランスのロワールにおいては、ワインのラベルへのこの方法の記載が許可されています。

これにより酒質が安定し、香りや味わいに複雑性が増すと言われており、イーストや酵母臭、食パンの白い部分、貝殻などがシュール・リーによって得られやすい香りと言われています。

マロラクティック発酵（Malo-Lactic Fermentation）

リンゴ酸が乳酸菌の働きによって乳酸に変化する現象をマロラクティック発酵（M.L.F.）と呼びます。

これによって酸味が穏やかになり、香りの複雑性と、酒質の安定が得られます。杏仁系の香りや、ヨーグルト、発酵バターなどの香りの要素が現れるようになり、さらに木樽との組み合わせによって、ナッツやアーモンドなどを炒ったニュアンスが加えられることもあります。

§2-5　香りの表現

　外観のコメントと同様に、いくつもの単語を組み合わせて、それぞれの持つ香りに近づけていきます。写真のページ（→ P.48 〜「香りの分類」）を参考に、香りの要素をあてはめていくとともに、その香りの強弱・性質を加えて表現します。

香りの強弱
　　十分な・豊かな・力強い・芳醇な
　　持続性のある・閉じている
　　控えめな・軽い・弱い

香りの性質
　　ゆっくりと広がる
　　わかりやすく立ち上る
　　時間の経過とともに広がってくる
　　力強く香りの種類も多い
　　控えめに広がる
　　時間が経ってもあまり大きな変化がみられない

図表 2-3：香りを表現する

単語の選び方

それでは、香りを表現するためにどのような単語を選んでいけばよいのでしょうか。初めのうちは以下のように大きなまとまりでとらえ、ひとつひとつ丁寧に単語をあてはめていくという方法もあります。

図表 2-4：香りのグループ

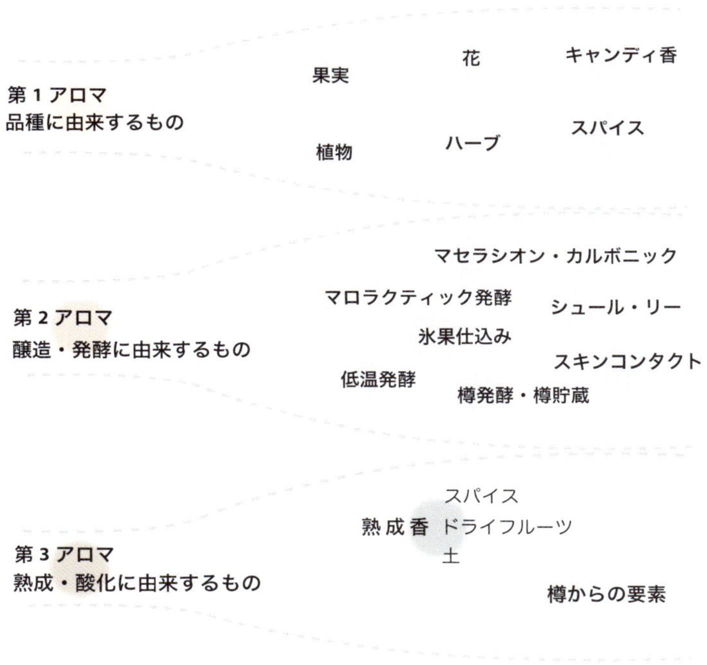

第1アロマ
品種に由来するもの

- 果実
- 花
- キャンディ香
- 植物
- ハーブ
- スパイス

第2アロマ
醸造・発酵に由来するもの

- マセラシオン・カルボニック
- マロラクティック発酵
- シュール・リー
- 氷果仕込み
- 低温発酵
- スキンコンタクト
- 樽発酵・樽貯蔵

第3アロマ
熟成・酸化に由来するもの

- 熟成香
- スパイス
- ドライフルーツ
- 土
- 樽からの要素

次ページに、白ワイン・赤ワイン・白赤共通で用いられる単語についてまとめていますので、参考にしてください。（図表 2-5）

図表 2-5：よく使われる単語

○ 白ワインによく使われる表現
● 赤ワインによく使われる表現
○● 白赤共通して使われる表現

花・ハーブ・植物・土			果実	
○ ヒース	○ バジル	○ カシスの芽	○ ライム	○ グレープフルーツ
○ ジャスミン	○ ミント	○ 若芽	○ レモン（青・黄）	○ リンゴ（青・黄・赤）
○ カモミーユ	○ レモングラス		○ 洋梨・日本の梨	○ スモモ（プラム）
○ ヒヤシンス	○ セルフィーユ		○ マスカット	○ マルメロ
○ エニシダ	○ エストラゴン		○ アプリコット	○ ベルガモット
○ ユリ	○ フェンネル		○ 桃（白桃、黄桃）	○ ライチ
○ アカシア	○ 浅葱、ネギ		○ マンゴー	○ パイナップル
○ 西洋サンザシ	○ 玉ネギ		○ パッションフルーツ	○ パパイヤ
○ 白い花	○ タイム		○ ナツメヤシ（乾燥）	○ 皮（オレンジ・グレープフルーツ）
○ 黄色い花	○ ローズマリー		○ オレンジ（マンダリン）	
	○ 菩提樹			
○● ゼラニウム	○● クマツヅラ（ヴェルヴェンヌ）	○● 茎	○● ブルーベリー（ミルティーユ）	○● イチジク
○● バラ・野バラ		○● 若い葉		○● バナナ
○● スミレ		○● 落ち葉		
○● スイカズラ		○● タバコ		
○● しおれた花		○● スーボワ		
○● ドライフラワー		○● 湿った土		
		○● 腐葉土		
		○● トリュフ（黒・白）		
● ラベンダー	● ピーマン		● アセロラ	● カシス（黒スグリ）
● 芍薬	● アスパラガス（白・緑）		● フランボワーズ（木イチゴ）	● ブラックベリー（ミュール）
● 牡丹	● シシトウ		● イチゴ	● 紫スモモ（クウェッチ）
● スイセン			● グロゼイユ（赤スグリ）	● 梅
● アイリス			● ザクロ	● ドライフルーツ
			● チェリー、ブラックチェリー	● オリーヴ
			● グリヨット	

●●木樽の影響 / 焦臭 "ロースト"	
ビスケット	グリエ（炭焼き）
トースト（クロワッサン）	コールタール
ワッフル	焼き栗
ナッツ（ローストナッツ）	焼き芋
ヴァニラ	燻煙
キャラメル、カラメル	ロースト
コーヒー、モカ	焦げた木
カカオ、チョコレート	ゴム

●●スパイス	●●芳香性、樹木
コショウ（白、黒、緑、ロゼ）	松
シナモン	樹脂
ナツメグ	松脂（マツヤニ）
丁字（クローヴ）	杜松（ネズ）
コリアンダー	お香
クルミ	ヴァニラ
アーモンド	安息香
甘草	紅茶
ローリエ（月桂樹の葉）	ハーブティ
陳皮（乾燥させたミカンの皮）	ユーカリ
サフラン	樟脳
エピス・オリエンタル（アジア系のスパイス）	白檀
八角、スターアニス	黒檀
パン・デピス（ジンジャーブレッド）	マホガニー

●●動物的な	
ベーコン	パストラミハム
生肉、赤身の肉	燻製肉
ジビエ	麝香（ムスク）
なめし皮	濡れた犬
毛皮、皮革	猫のオシッコ

●●化学物質・エーテル類	
ヨード（海藻）	石油（ペトロール）
ろうそく、蜜蝋	火打ち石
発酵バター	ランシオ **
シードル	イオウ臭
チーズショップに入ったときの香り	メントール

●●発酵による技術	
シュール・リー	潮の香り
	貝殻（あさり）
	石灰（少し湿った）
	イースト、酵母
	ビール
マロラクティック発酵 (M.L.F.)	杏仁系の香り
	発酵バター
低温発酵・スキンコンタクト	白い花の香り
	キャンディ香
マセラシオン・カルボニック	バナナ

* グリヨット：サクランボの一種で、色が濃く、香りがより強いのが特徴です。

** ランシオ：太陽にさらした樽や瓶などで酸化熟成させることにより、独特の風味を持つようになったワインです。

MA!! MA!!! MA!!!! MAXIMUM

Ruinart. Lanson. Gatinois. D
mmery. Ca'del Bosco. Pelorus
Albert Boxler. Baumard. Gra
rlot. Arnaud Ente. J.Marc.Boill
stanille. A Clape. J.Confuron C
erre Berteau. Bernard. Serveau
odegas Maulo. Michelton
oss Wood. Salvioni. Lee
uca di Sala Parutta. Poggio An
Chart

[Ⅲ]
味わいを確認する

アタックから余韻まで

§3-1　口に含む

　まずテイスティングを始めるにあたり、口に含む量を、ある程度は毎回安定させておく必要があります。もちろん個人差は存在しますので、私はいつも大目の量を口に含んでいますという人もいると思いますが、一般的には、ティースプーンの半分程度の量を口に含むことが良いとされています。

　ただし、これはあくまでもたくさんのワインを短時間でテイスティングしていく必要のあるプロ向けのアドバイスなので、これからワインについていろいろと覚えていこうという方は、じっくりと多めの量を口に含み、自分の口の中のどの部分で、どんな味わいがするのか、また、どんな食感を受けやすいのかを探っていく必要があります。

　ただ、ここで気をつけていただきたいことは、一口目の印象はあくまで参考程度に考えていただきたいということなのです。

　人間は初めてのものを口に含むときには、大昔の先祖が拾って食べ物を探していた頃からの習慣なのか、傷んでいないか、もしくは体に害を及ぼすものなのではないかと警戒心を持って口の中でいわばマイナスの要因を探そうとします。（なんといっても生死にかかわることですから、そんなに簡単には長い間に身についた習慣からは逃れられないということなのでしょう。）

　したがって、一口目はアルコールの刺激に口を慣らす役割と割り切り、二口目からの印象、もしくは感覚を集中してしっかりとっていく必要があるのです。

図表 3-1：定量を口に含む

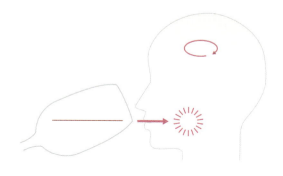

§3-2　味わいを構成する要素

　味わいの構成要素には主に以下のような項目があります。香りと同様、アタック・第一印象からさらに細かい要素を確認していきます。そして、その要素が存在する理由まで分析することで最終的な印象をまとめます。

●アタック
●味わい（甘味、酸味、苦み、渋み）
●アルコールのボリューム感
●味わいの濃縮感、凝縮感
●余韻、あと味について
●バランス

図表 3-2：味わいの構成要素

[**味わいのアタック**]

　ワインを最初に口に含んだ際の感覚を"アタック"と呼びます。
　初めは、このアタックという言葉に引っかかってしまい、なかなかその意味するところがつかみにくいかもしれませんが、わかりやすく置き換えると"第一印象"ということになります。初めて飲むワインがどんな個性を持っているのか、その方向性をまず口の中に入れた食感で感じること、これがアタックの概念です。
　われわれの実社会の中では、初めての人と会うときにはやはり緊張もしますし、最初から本心は見せないかもしれませんが、ワインとの出会いにはこんなややこしい段取りはいらずに、どんな人柄なのか（ワイン柄？なのか）素直な気持ちで感じとる必要があり、その後のワインに対するコメントへの役割も兼ね備えています。そのためには、口に含むまでの情報、すなわち外観や、香りの構成なども考慮の上で進めていくことも必要です。
　こうして得た情報、すなわちアタックが強い、もしくは弱いという表現から始まって、ワインの酒質、特徴、できれば産地や品種までを予想していくのですが、そのほかにも、滑らかな、落ち着いた、はっきりとした、個性的な、などのさまざまなアタックに対しての表現方法が存在します。しかし、残念なことにこのアタックの印象を的確にとろうとするためには、なんといっても飲んできた回数、すなわちワインに対するある程度の経験が必要になってきます。また一口に強いというだけではなく、なぜこのワインのアタックが自分にとって強く感じられるのか、その原因を考えることも大切なのです。樽の苦みがそうさせているのか、アルコール度数が高いためなのか、自分の体調が少し弱っているためなのかとさまざまな要因を考えながら進めていくこと、これもアタックをしっかりとるための重要なポイントです。

　ワインに対してアタックを述べる場合には、自分の中にきちんとした理由付けが必要であるということになります。
　このことを忘れずに、余計な飾り付けをせず最小限の言葉を選んで、ワインの個性を伝えてください。

[**味わい** —甘味、酸味、苦み、渋み—]

　味わいの表現には塩味が存在するのですが、ワインのコメントに塩味が現れることはあまり多くないので、ここでは多く使われる 4 つの表現に絞ってみました。

1 ）甘味
　ワインの味わいの中でもわかりやすく、またいろいろな果物に置き換えやすい甘味からみていきましょう。

辛口のワインにおける甘味とは？
　ワインが甘く感じられるのはブドウが甘いから当たり前、ということも、決して間違いではないのですが、実際の収穫時のブドウ本来の持つ糖分は、酵母の働きでアルコールとガスや熱に変化していく過程においてほぼ消化されてしまうため、一般的に辛口ワインと言われるものには残糖分というのは非常に少なくなります。（EU においての辛口の残糖分の規定は 1 リットル中 4 グラム以下）
　しかし、辛口でありながら滑らかさがあり、実際にあと味に少し甘味が感じられるものには、「心地よい甘味が余韻に感じられる」という表現を用います。
　暖かい気候の下で完熟したブドウから造られたワインには、グリセロール（アルコールの一種）などの粘性をもたらす要素も多いため、滑らかで、優しい甘味をあと味に残すことがあるのです。

半甘口？、甘口？
　日本では辛口、半辛口、半甘口、甘口という表記を用いていますが、このような表現は日本語の曖昧なところがあり、半甘口と半辛口とではどのような違いがあるのか？と疑問に思われる方もいらっしゃるかもしれません。ヨーロッパにおいては、
　　● Sec　辛口で残糖分が 1 リットル中 4 グラム以下
　　● Demi Sec　残糖分が約 12 グラム
　　● Doux　残糖分が 20 グラムを超えるもの
という規定はあるものの、「これが半辛口なのか？」「辛口と書いてあるのに、あと味が甘いじゃないか？」と個人差があるため、なかなか味わいを細かく伝えるのには限界があり、この 3 つの表現ですべてのワインの味わいがまとめられるかと言うと思うようにはうまくいきません。

甘味をよりわかりやすくテイスティングの言葉として用いるためには、甘さの度合いのほかに、滑らかさ、粘性、厚み、余韻の長さを細かくみていく必要がありますし、酸味があと味にくるのか、こないのか、細かい渋みはどうか、複雑性はどうかなど、他の要素との関連性を慣れてくるにしたがって、感じるようにしていきます。

　甘口ワインとハチミツの水溶液はどちらも甘いですが、ほかの要素の現れ方がまったく違います。ただ「この飲み物は甘いです」だけでは何の飲料のコメントかもわかりません。

　ここからワインのコメントとして成立させていくには、ほかに何を伝えなければならないかということが重要です。

２）酸味

　ワインが特徴とする味わい、それは酸味です。

　ワインは基本的に酸を多く含む飲み物であり、ブドウ由来の酸として酒石酸、リンゴ酸、クエン酸、発酵によって生成された酸としてコハク酸、乳酸、貴腐ブドウによるワインにはグルコン酸、ガラクチュロン酸などが含まれており、味わいの構成や余韻に大きな影響を及ぼしています。

　このうち、リンゴ酸が乳酸菌の働きで乳酸に変化することをマロラクティック発酵（M.L.F.）と呼び、ブルゴーニュ地方の白ワインはこのマロラクティック発酵により乳酸の丸みを備えます。それに対し、フランスの北の産地であるロワールの白ワインはあまりマロラクティック発酵を行わず、特徴的な酸味を残します。このように、酸の状態を知ることは、味わいの大きな手がかりになるのです。

"白ワインの酸の現れ方"を1つの手がかりにする
口の中で酸のタイプを確認する
（M.L.F. されているかどうかの見分け方）

1 白ワインを少量口に含み、顔を少し上向きにして意識的に舌の根もとの両サイドにあててみます。（この際、舌の根もと、という場所がポイントです。歯ぐきでは難しいためです。）
2 吐き出した後に冷たいリンゴをかじったときの様な"シュワシュワした酸"が感じられるかどうか確認してみてください。（M.L.F. してある場合はあまり冷やしていないヨーグルトの様な酸を感じるでしょう。）

できれば、北の産地のサンセール（ロワール川上流）とマコン（ブルゴーニュ地方）などを比較してみると、リンゴ酸の刺激というものがわかるようになります。

- 繰り返しこの反応を覚える様にすると、酸の種類により M.L.F. かそうでないのかを見分けられる目安を自分で判断できる様になります。
- あせらず繰り返して覚えましょう。

＊上級者向き
チリやオーストラリアなどのワインにたまにみられるのですが、色はしっかり粘性も高いのに、きらきらと口中に酸が感じられるときは"補酸"による味わいを考えてみてください。

図表 3-3：M.L.F. の見分け方

上を向いて試そう！
むせないように！

３）苦み

　ワインをこれから勉強しようという人に、甘い食べ物とは？苦い食べ物とは何ですか？という質問を良くするのですが、甘い食べ物について、もしくは酸っぱい食べ物について聞くと多くの種類があげられるのですが、苦い食べ物について聞くと意外に多くは答えられないことが多いのです。

　"ゴーヤ（にが瓜)"、"ビター・チョコレート"もしくは答えに困ってなのか"焼肉屋さんで焦げてしまったレバー"（？）というようにあまり多くの苦い食べ物は連想できません。

　ワインの味わいで苦みと言うと、想像しづらいかもしれませんが、苦くてどうにもならないという意味で用いられることはあまり無く、一般的には"心地よい苦み"を指します。

　苦みについては、その強さ、舌に感じる状態、余韻を表すので「しっかりとしているけれども心地よい苦み」、「特徴的な苦みがあと味に目立つ」といった使い方をします。

　苦みはどこからくるのかと言うと、ブドウの果こうや皮、種の部分から抽出されるものであり、漬け込む時間が長かったり、プレスの際に強く圧力をかけすぎてしまうと、ワインに多くの苦みが出てしまうことになるのです。

　ただし、味わいにおいて、多くの場合、苦みは単体で存在することはあまりなく、"渋み"の要素と合わさって感じられることが多いのです。

　「新樽を使ったことによる苦み」と表現されることもあるのですが、この場合、味わいのどこまでが苦みでどこからが渋みなのかは厳密には判断しづらいので、「新樽の使用によるローストからの苦みに加えて渋みも感じられる」というように上級になるにつれて並列的に説明していく必要があるように思われます。

　また、苦みが頻繁に感じられるカテゴリーとしては、甘口ワインやポート・マディラ（→ P.238）などがあり、口に含んだ際のあと味の中に存在します。貴腐ワインでは貴腐菌の働きで造られた成分のために、あと味に苦みが目立つことが大きな原因なのですが、ポートやマディラなどに関してはアルコール添加によるもの、もしくは熱を受けたことによりできた苦みなど、それぞれ生成過程が違っています。

4）渋み

　一般に生活の中で感じられる渋みとは、苦みとは異なり割と身近にあります。"濃く入れたお茶や紅茶がさめた状態"などはとてもわかりやすく渋みを口の中に表してくれます。

　さて、ワインの味わいの表現では渋みは収斂性（しゅうれんせい）という言葉を用いますが、渋みの基（もと）は主にタンニンという成分であり、タンニンは水分と結びつくため（薬局で購入できる切り傷などに使う血止めはタンニンの粉でできています）、口の中の唾液が固まり、口中の粘膜が乾いて少し引っ張られるような引きつった状態になります。これが収斂性と呼ばれるものであり、ワインに存在する渋み、と私たちが感じるものなのです。（ティッシュペーパーを 2 枚ぐらい重ねて、口の中、歯茎などの水分を拭きとります、するとその後、歯茎や口中の皮膚が乾いて引っ張られるように感じられます、これで収斂性と同じ体験がわかりやすくできます。）

　実際のコメントの際に、外観が黒みがかったガーネットの色調で、中心部の色が黒く、濃縮感がある赤ワインを口に含んだ場合「渋みがあります、苦みがあります」ではあまりワインの味わいの個性を伝えようとしていることにはなりません。「渇いた渋みが口の中を支配するものの、丸みのある、こなれたタンニンのために、あと味には心地よい苦みが残る」、「タンニンがとても多く、まだ若く、丸みを帯びていないので口中を乾かせるため、収斂性が強く感じられる」など、タンニンの質（こなれた、滑らか、ざらざらした、硬い、状態がまだ若い、など）、タンニンの量（多い、少ない）をそれぞれ意識的に分析していく必要があります。

　このように、なぜ渋いのか、なぜ苦みが目立つのかを予想し、理解することで、さらに細かい分析ができるようになってくるのです。

[アルコールのボリューム感]

　アルコール自体は無味無臭ではあるものの、粘性や滑らかさから味わいに大きな影響を与え、アルコール度数が高かった場合には口の中が熱を帯びるような状態になります。このような反応から大まかなアルコールの度数を予想していきます。

　慣れてくると 0.5 から 1 度くらいの誤差でアルコールの度数がとれるようにトレーニングを行います。

　アルコールのボリューム感があるということは、「ブドウが良いコンディションで収穫された」と予想が立ち、このことから少し日照量の豊富な産地である可能性が出てきます。逆に控えめであった場合にはヴィンテージの影響によるのか、品種特性によるのか日照量によるのかと、さまざまな角度から分析を行っていくのです。

　したがって、ワインの品種がリースリングであった場合、感じられるアルコールのボリューム感が、フランスのアルザスなのかドイツなのかニュージーランドなのか、産地を決める大きな手がかりになります。

[味わいの濃縮感、凝縮感]

　"濃縮""凝縮"という表現は基本的には近い意味合いで用いられることの多い単語です。

　「このワインは味わいに、ベリー系の果物の濃縮感がある」、「香りに凝縮感がある」という様に用います。

　これらの表現はいきなり使いこなすのは難しいので、少しずつ丁寧に覚えていく必要があります。

コメントをする際の共通性

　味わいの濃縮感、凝縮感というものは、外観から受ける印象の濃縮感、凝縮感や、香りの濃縮感、凝縮感と連動していることが多いので、色調がとても濃く、香りも果実味もとても濃く、濃縮しているようであれば味わいにも濃縮感は現れているはずでしょうし、そういったところからこの単語を使い始めていけばよいでしょう。

　外観の印象との連動（例）
- 色調がとても濃い
- 香りにも濃縮感がある
- 味わいにも濃縮感を用いる

目的のあるテイスティングのために濃縮感・凝縮感を意識的に用いる

　ワイン産地が同じで造り手違いをたくさんテイスティングする際や、同じ造り手のワインで年ごとの違い、これからの飲み頃などをみていく場合などには、濃縮感や凝縮感のコメントが違いを表す大きな手がかりになります。

　ヴィンテージによる違い（例）
- 1997　あまり凝縮感は感じられないが熟成感はある
- 2003　味わいに凝縮感があり、開いていない
- 2005　果実の香りのやさしい濃縮感が感じられる。
　　　　今飲んでもおいしい

　同じ造り手のワインを比較する場合には、「輝きがある」、「紫色の果実の香りが多い」、「果実味中心の味わいがまとまっている」などというコメントをしても、あまり違いを表したことにはなりません。

　実際にテイスティングを行ってしばらくしてから、コメントを読み返して、どのようなワインだったのか確認する場合、また、コメントを見直すことによってこれから熟成していく可能性のあるワインを購入しようとした場合に、ポイントとなってくるのは濃縮感、もしくは凝縮感があったかどうかということになります。

　ちなみに、この上のようなコメントの結果であれば、これからの長期熟成の可能性の高いワインがほしい場合、より長持ちするであろう 2003 年を購入するでしょうし、逆にすでに熟成感のある穏やかなワインを出したい場合には 1997 年に決めるなど、一般的なコメントとともに書き込んだ濃縮感、凝縮感という単語が大きな意味を持つようになるのです。

[**余韻、あと味について**]

　口の中の感覚として"アタック"、そして"中間域の味わい"とみてきましたが、飲み込んだ後、もしくはテイスティングのために吐き出したその後に、最後に口に残るワインの印象（すなわちワインの個性）、それが余韻と呼ばれるものです。一般的に余韻と言うと、あと味の長さ（持続性）を意味する場合と、どのような要素（味わい）が残ったか、そしてそれはなぜなのかを分析する場合とがあります。

　まず、飲み込んでから味わいが時間とともに消えて、そして最後にアルコールの感覚が消えるまでを意味するもの、これが、余韻＝レトロ・オルファクシオンと呼ばれるもので、長ければ長いほうが、しっかりとした酒質であるという評価を受けやすくなります。
　特に余韻が長くなる理由としては、南の暖かい産地の要素が現れているためなのか、樽などからもたらされる2次的な特徴のためなのか、もともとのワインが凝縮されているためなのか、ヴィンテージのためなのか、醸造テクニックによるものなのか（例えば、逆浸透膜を用いているためなのか）など、さまざまな要因が考えられます。

　逆に余韻が短い理由として考えられることは、北の産地のワインで酸が豊富なために他の要素が打ち消されてしまったためであったり、残念ながらあまり良い収穫年ではなかった、収穫量が多いため凝縮感に欠けた、畑の植え替えによって樹齢が低くなってしまった、もともと早飲みに向くワインであるなど、こちらも多くの要因が考えられます。
　ただし、最初のうちからこれらの要素をひとつひとつ見極めていくのは大変なことなので、まずはしっかりと定量を口に含み、余韻の長さを計り、あと味の中では、何が目立っているのか、何が支配的なのかをしっかりと見つけるという作業が必要です。

　慣れてくると、そのワインのあと味を構成しているさまざまな要素から多くの情報を得ることができるようになってきます。特に、良い収穫年の濃い色調のワインでありながら、香りや味わいが弱く、さらに余韻も短いといった場合などには、そのワインの置かれていた保存状況などを疑問視する上での大きな手がかりになります。
　このように外観、香り、味わい、そしてあと味、余韻とワイン自体を細かくみてきたわけなのですが、ここからは、このワインに対する総合的な評価を下す段階に入ります。

[バランス]

　今までみてきたような酸味や渋みや苦みなどがどのように最終的に感じられるのかをバランスと呼びます。それぞれがバランス良くあるのか、酸味と渋みが目立っている若いワインなのか、それぞれが溶け合って滑らかさを表現してくるのか、というポイントを探ります。

　ここで自分自身がこのワインに対してどういう印象や感想を持ったのかを確認する作業でもあるのです。

[まとめの印象]

　漠然と現れる印象を待つのではなく、自分から意識的に構築していく必要があります。

　まとまっているのか、いまひとつなのか、ワインがどの状態にあって何を表現しようとしているのか、そして現在はまだ控えめであった場合には、今後何年くらいで変化が起きるのかなどを考えていく作業です。

　そこから飲み頃というものが見えてくるはずですので、サービス温度、使用するグラスの形状、合わせる料理などを一つずつ丁寧に考えていくことが必要です。

図表 3-4：余韻（レトロ・オルファクシオン）

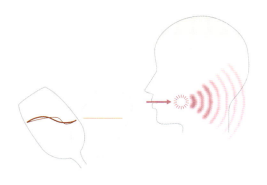

§3-3　味わいの表現

　味わいについて専門的な単語を覚える必要など、大多数の人は感じたことがないだろうと思います。実際に、細かい味わいの表現などはあまり使うことがないのが一般的です。ただし、ワインを語るには単語を選択する作業が必要になってきます。

　自分が感じた味わいの情報をいかに客観的に伝えるか、これこそが味わいの表現なのです。したがって、「びりびりきた味」、「もわーんとした味わい」などのあまりにも抽象的な説明では、個人でしか感じられていない感覚を述べているのに過ぎず、他の人には残念ながら伝わりません。
　残念なことに人それぞれの"びりびり"や"もわーん"の意味するところが違うため、共通言語にはなり得ないからです。

　もちろん楽しむためのワイン会などで、このような意見や感想を聞くことは、ある意味その人の人柄を意味することが多く、それなりに"人柄のブラインドテイスティング"のような様相を呈しますが、あまり実際のテイスティングとしては用いないほうが懸命です。
　例えば、違う国籍で、異なった言語を用いているソムリエ同士が、共通言語としてのコメント用語を使い、同じワインについての意見を交換し合う、このような状況においても安定して意見を述べるために学ぶものですから、最初は大変に思えるかもしれませんが、慣れるにしたがって、細かいポイントも的確に伝えられるようになり、やっとそこから楽しくなってくるでしょう。
　ただし、最初からあまり細かく、多く伝えたいと欲張らずに、自分の中でしっかりと消化し、理解した単語から使っていくことをおすすめします。

　たくさんの単語を使ったほうが立派だ、偉いということでは決してないので、あまり嗅いだことのない単語を無理に使ってみたり、あいまいなままで単語を並べたりせず、最低限必要となる情報をいかに手短に伝えるかということ、それがテイスティングコメントの本質ではないかと思っています。

[**各要素の表現**]

味わいの各要素についてよく用いられる表現をまとめました。

アタックおよび酸味に関する表現

最初に口に含んだときの印象が、

●酸味が目立つ場合

はっきりとした・生き生きとした・上品な
フレッシュな・若いニュアンス
さわやかな・心地よい酸の印象
酸の目立つ・すっぱい

●粘性、滑らかさ、甘味が目立つ場合

滑らかな・ゆったりとした
とろみのある・こくのある・粘性の感じられる

苦み（タンニン）に関する表現

苦い・かどのある・ごつごつした・ざらざらした
収斂性のある・硬く閉じた・硬い・口の中が乾く
滑らかな・きめ細かい・こなれた・溶け込んだ
心地よい・ビロードのような
（エスプレッソコーヒーのような・カカオパウダーのような・
ビターチョコレートのような）

甘味に関する表現

滑らかな・甘味のある・半甘口の・甘口の
柔らかい・厚みのある・粘性の高い・ハチミツのような

甘味以外の味わいの表現

辛口の・半辛口の

酒質＝ボディに関する表現・全体のバランス

やや控えめな・軽めの・中程度の
しっかりとした構成の・大柄な・小柄な・バランスの良い・
ボリューム感のある
丸みを帯びた・力強い・濃縮感のある・凝縮感のある

[**外観との連動**]

　次に示す図表（図表 3-5）は、外観から受ける印象と味わいとの連動を表現したものです。白ワインの場合は酸と甘味とのバランスを、赤ワインの場合は、酸味・渋み・甘味のバランスをみていきます。

図表 3-5：外観から受ける印象と連動してのコメント

白ワインの場合

＊白ワインにおいては、酸の状態が大きな影響力を持ちます。

赤ワインの場合

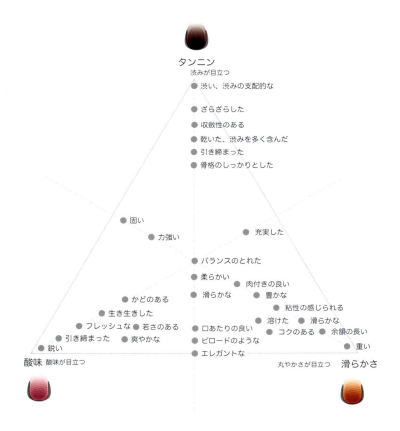

＊酸味や渋み（タンニン）、甘味は単独でワインの味わいに存在しているのではなく、それぞれがお互いに影響しあって、味わいが決まっていきます。

上の表に加えて樽からの要素、焦げのニュアンスなどを補足し、まとめていきます。

[IV]
判断する

コメントの決定への考え方

§4-1 判断する

さて、ここまでいろいろな方法、考え方を書いてきましたが、そろそろ終盤の"判断する"ところに来ました。

私は、この仕事を始めた頃には、毎日、少しずつ学んでいけば、見て、香りを嗅いで、味をみれば「これは何年産の、どこの何というワインです」と自信を持って語れるテイスティングの達人にいつかはきっとなれる！と思っていました。

そんな私もこの仕事について20年を超えてしまい、もちろん昔に比べると経験もあり現場も踏んできましたので、ある程度までは［テイスティングの精度］というものは上がってきた様に思いますが、なかなかワインは奥が深く、自分の思うように"完璧"にはならないというのが正直なところです。

本章では、私がこれまでの経験から感じた"判断する"というプロセスについて紹介していきたいと思います。

図表 4-1：判断する

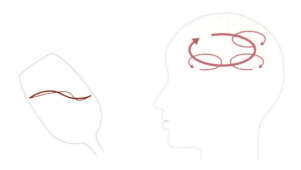

[判断のステップ]

　判断するとは、外観・香り・味わいの各要素を総合する作業であると言えます。まず最初に、どのようなステップで判断していけば良いのか、初心者と中級・上級者に分けて考えてみます。

1）判断のステップ―初心者編―

　初心者の段階では、まず、外観・香り・味わいの大きな特徴をとらえることから始め、次のステップで発酵による特徴や樽のニュアンスなどより複雑な要素を探してみるという方法がわかりやすいのではないかと思います。直線的に把握するステップを丹念に繰り返すことで、知識や経験値を蓄積していくことが大切なのです。（次ページ・図表 4-3）

　そして、テイスティングの精度をあげるために、以下のようなことから始めて行けば良いのではないかと思います。

　　●品種の個性を覚える
　　●畑や産地、地方を国ごとに大まかにまとめる
　　●大まかな年ごとの特徴をまとめる
　　●好きな造り手やワインを増やす

図表 4-2：判断の方法

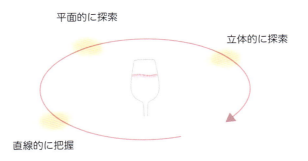

図表 4-3:判断のステップー初級編ー

初めは丹念に直線的に把握しましょう

1st. step

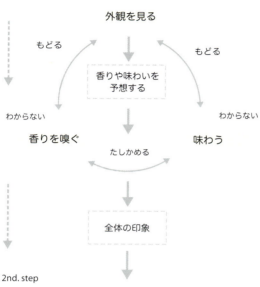

外観を見る
色のタイプ
輝き
粘性

予想する
若々しいか
熟成感か
特徴的な果実の要素

香りを嗅ぐ
アタック
中心にあるもの
感じられる要素
持続性
複雑性

味わう
アタック
味わい
余韻・あと味
バランス

2nd. step

2）判断のステップ―中級・上級者編―

慣れてくると、香りや味わいの中にある強い特徴と蓄積した知識のつながりから、平面的・立体的な探索ができるようになります。

図表 4-4：判断のステップ―中級・上級編―

慣れてきたら［平面的］に探索できるようになります

強い特徴を手がかりにアプローチできるようになります

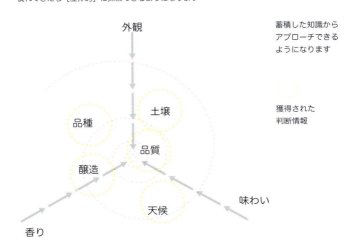

慣れてきたら［立体的］に探索できるようになります

蓄積した知識からアプローチできるようになります

獲得された判断情報

さらにシビアに判断できるようになるために、いくつか気をつけておきたい点をあげておきます。

　　●品種の色を細かく見ていく

　　●香りの中心にある品種からのメッセージを感じとることに集中する

　　●味わいにある樽や、その他の要素から、消去法で品種や産地に近づいていく

　　●あまり憶測で考えない、飲んだことの無いワインを当てはめてみたりしないようにする
　　　テイスティングは経験を積んで、そこから始めていくものなので、飲んだことが無いのに「白い花の香りだからトロンテス（主にスペインやアルゼンチンで栽培されている品種）かな、もしくはアルバリーニョかも」と迷ってもあまり意味がありません。

　　●間違いから学んでいく
　　　品種を間違っても、そこから［なぜ違ったのか］を探ることがテイスティングにおいては大切です。
　　　「ライチの香りに似ているからヴィオニエ」と思ったらシュナン・ブランでしたという場合に"あと味の酸味の出具合で違いを覚える"、「黒くて濃い味わいで渋みもあるからカベルネ・ソーヴィニオン決定！」と思ったらネッビオーロであった場合、"言われてみると色調に少し紫が強く出ているし、渋みが強いというよりも、これが凝縮した酸味なのかも？と少し謙虚に自分が下した決断を見直してみる"、という作業を続けていくことがテイスティングの精度を上げていく（下げない）方法ではないかと感じています。

§4-2 テイスティングの練習

それでは、実際に、これまでの内容をふまえて、"テイスティング（判断する）"の練習をしてみましょう。ここでは、テイスティングの準備や進め方、練習方法について少し具体的にみていきたいと思います。

[**テイスティングの準備**]

テイスティングを始める前にまず、テイスティングとはどのような順番でどのようなことに気をつけて進めていけばよいのか、どのようなワインを選べばよいのかについておさえておきましょう。そして、最初のうちは、その時その時、テイスティングの目的や目標レベルをある程度決めて練習していくことも大切です。

1）テイスティングの方法

"外観をみます、香りを嗅ぎます、そして、口に含みます"という順番で進んでいくのが一般的な方法です。(詳しくは→ P.14-15)

慣れてくると、最初の外観の印象から香りや味わいの予想がつくのですが、慣れないうちは赤みがかっている、紫色がかっている、色がとても濃い、という第一印象をとるだけでも大丈夫です。この際、慣れないうちは、無理に色を決めようとせず、おおまかに何色がかっているのか、という印象をとるに留めておいたほうがよいと思います。

香りですが、まず、嗅いですぐにわかる要素もあれば、あまり個性を表してこないタイプのワインもあります。香りも外観と同様に、無理に決めつけようとせず、白ワインの場合は、黄色なのか、緑色なのか、赤ワインの場合は、赤い果物なのか、紫がかっている果物なのか、黒い皮の果物なのか、とおおまかに色を決める程度で良いと思います。最初から、樽の要素や細かい熟成のニュアンスというものはとりにくいものなので、まずは果物や花などわかりやすいものに置き換えるところから始めてください。

香りがとりにくい場合には、とりあえずワインを口に含んでしまいましょう。そうすることによって、酸の状態や苦み、アルコールのボリューム感などを感じることができるので、そこから、香りの要素をさかのぼって決定することができます。

例えば、香りの要素が少なくても、口に含んだ場合に酸っぱい黄色いリンゴなのか、甘味の感じられる洋梨なのか、粘性の感じられるマンゴーのようなトロピカルフルーツの要素があるのかを感じることにより、造られる場所や品種などの特徴をそこから読みとることができるからです。
　大事な点として、香りを嗅ぐ時間やワインを口に含む量、さらにどれぐらいの時間口に含んでいるのかという時間等を一定化させる必要があります。ワインごとに嗅ぐ時間を変えたり、口に含む量がかわっているようでは安定した評価は難しくなります。

２）テイスティングにふさわしいワインを購入するには
　ワインのテイスティングをする場合に、あまり触れられてはいないのですが、どういったワインを購入するのかという点もとても大事です。
　例えば、"シャブリ"といった場合に、慣れたテイスターであればシャルドネの個性や、シャブリの産地（ブルゴーニュ地方の最も北）や特徴的なキンメリジャン土壌と呼ばれる石灰質の要素を踏まえてテイスティングを行うことができるのですが、初めてシャブリをテイスティングする場合に、その買ってきたワインがシャブリとして造られている全体のなかでどういった位置付けにあるものなのか、軽いものなのか、重いタイプなのか、クラシックな造りなのか、また個性的な造りを行っているものなのか、などがわからないとテイスティングの正確性や意味を失ってしまうことになります。
　そのため、できれば信用できる酒屋さんを選び、ワインのテイスティングに向いた要素をもったワインを選んでもらうことが大事になります。
　もしできれば、自分から求めているワインのタイプを伝えて、例えば「伝統的なシャブリをください」、「新しいテクニックのもとに造られているタイプがほしい」などと言うことにより、自分で行うテイスティングの水先案内人として、また自分用のソムリエとして利用することができます。
　最近では、インターネットの酒屋さんによるワインに対しての細かいコメントや醸造テクニックの説明など、より深くより詳しく知ることが可能になってきていますので、それらをうまく利用して、造られたワインの背景や歴史を知ることによりテイスティングの上達をはかってみてください。

[**テイスティングの秘訣ー品種の特徴をおさえるー**]

　テイスティング、特にブラインドテイスティングの技術を高めるにはどうしたらよいでしょうか。一般的には、とにかくたくさんのワインを毎日飲むことという意見もありますが、実際には、ワインというのはあまりにも種類が多く、ただ飲むだけでは個人としての経験度合いは上がりますが、はたしてテイスティングという能力があがるかどうかという点には疑問があります。本章の最初のほうでも述べましたが、"品種"の個性や産地、造られた年の特徴などを覚えていくことが、地道な作業ではありますが、確実な道のように私は感じています。

1）品種の特徴を覚える
　まず、ワインを造る"品種の特徴"を身につけることから始めます。
　醸造用品種として代表的なものを覚えていくことによって、それに付随した産地の特徴や醸造技術とよばれるワイン造りのテクニックなどの違いも自然と身に付いてくるからです。日本では、涼しい青森ではリンゴが、あたたかい岡山では桃が、また沖縄では粘性の高いトロピカルフルーツが作られるように、農作物であるブドウ品種も同様に涼しい北の気候を好むものや、日照量の多い南の産地を好むものが存在します。
　それらの関連性のある要素を感じながら、地図に置き換えて確認していくことでより安定した上達が可能になります。

2)得意な品種をつくる

　テイスティングを行っているうちに、やはり好き嫌いが、言い換えると得意な品種、苦手な品種というものがどうしても出てきます。この品種は得意だという場合には問題はないのですが、この品種はどうしてもわかりにくい、いつもほかのものと間違えてしまうという品種がでてくるのはある意味自然なことです。

　良いテイスターになるには、「得意な品種」を増やすことが大事です。考え方として、苦手な品種を克服しようと努力を続けるのも大事ですが、農作物から造られるワインにおいては絶対的なものはある意味存在しないと割り切って、得意な品種に目を向けてその種類を増やすことに意識を集中したほうが長い目で見た場合には、良い結果が得られるようになると思います。

　最近の傾向として、醸造技術の革新や醸造家自体の個性がワインに反映されるようになっており、そのため全体的なワインのレベルが安定化、平均化されていることもあり、以前よりも品種や国ごとのワインの違いや、本来もっていたはずの個性が消されてわかりにくくなってきているのは事実です。

　例えば、リースリングが得意、とくにドイツのリースリングが自分にとっての基準だとします。黄色いリンゴや少しペトロールとよばれる重油っぽい香りなど目安となる品種の要素を覚えます。

　ブラインドで出されたリースリングのワインのなかに、これらとは違った樽の要素やいつもとは違った粘性、高いアルコール度数が感じられた場合には、ドイツではなくオーストラリア、もしくはチリのリースリングである可能性を感じられるわけです。

　繰り返しになりますが、同じ品種でも産地や造られた年によって、異なったワインに仕上がるため、自分のなかでその品種の基準点を確立することが大事なのです。

　したがって、自分にとってわかりやすい得意な品種を増やすことにより、より多くのバリエーションを身につけることができます。

3）トライアングルテイスティングの練習 ―品種の特徴を確認する―

　実際に自分でテイスティングの練習をする場合に、特に品種の特徴を確認して学びたい場合に使われる方法です。（次ページ・図表 4-5）

　まず、テイスティンググラスを 3 つ用意します。そのなかの 2 つには同じものを、1 つには違ったものを注ぎます。例えば、2 つにはリースリングを、1 つにはソーヴィニヨン・ブランを注ぎます。3 つのグラスをぐるぐると動かして位置を変えてしまいます。そして大事なのは、どのグラスが他の 2 つのグラスと違うのか、そしてそれはなぜなのか、すなわち自分はどうしてその 1 つのグラスが他の 2 つと違うと判断したのかを確認することです。

　その際に、香りと味わいの両面から判断することがもちろん必要ですし、トライアングルテイスティングのよいところは自分のペースでじっくりと行うことができる点です。

　このグラスには、浅葱（アサツキ）のようなネギっぽい香りがある、ほかの 2 つには黄色いリンゴの香りが顕著で少しハチミツのニュアンスも感じられるなど、できれば口に出すなり、紙に書くなりして違いを探します。

　グラス 2 つで行う場合には、自分で注ぐと場所を覚えてしまいますので、誰かの助けを借りなければなりませんし、もしくはグラスの裏にでも品種の違いを記したりしてあとで確認する際に少し手間がかかるのですが、グラス 3 つで行う場合には、違った 1 つを探せばよいので、より手軽に行うことができます。

　その際に感じられた品種の特徴を今度は本などでコメントを確認することにより、それぞれの品種に対するコメントの数が増え、例えば、オーストラリアとドイツのリースリングの違いについても言及できるようになります。

図表 4-5：トライアングルテイスティング

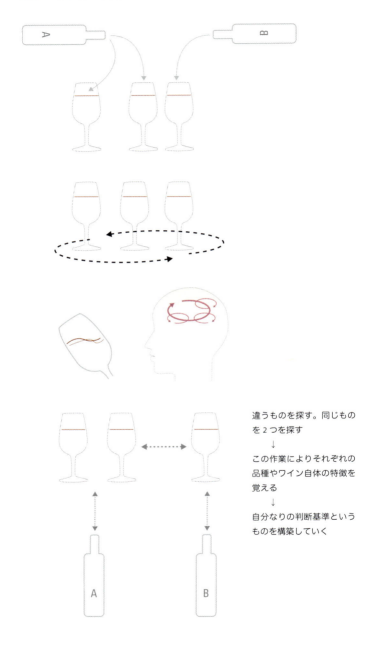

[**テイスティングの実践**]

　テイスティングの準備が整ったら、いよいよ実践です。ここではテイスティングの練習方法として予想・まとめ・判断の例を紹介しておきます。

1）外観・香り・味わいの特徴をとらえる

　→チェックシートを使って全体の特徴をまとめてみましょう。

　（P.118 ～ 121 図表 4-6, 4-7）

　慣れてきたら、外観からの香り・味わいの予想や総合評価もしてみましょう。

2）各要素から品種を判断する

　→テイスティングチャートにしたがって、「品種を判断する」練習をしてみましょう。（P.122 ～ 125 図表 4-8, 4-9）

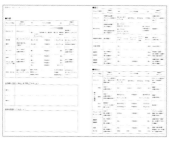

図表 4-6：白ワインチェックシート

●外観

チェック項目	判断のポイント	◀······ ワインの状態 ······▶			判断のポイント
色のタイプ	若々しい？	淡いイエロー　ライムイエロー	落ち着いた　黄金色	黄土色　褐色を帯びた	熟成感？酸化のニュアンス？
清澄度 輝き	良いコンディション？ 清澄作業が多い可能性？	澄んでいる きらきら	中程度の 中程度の	くすんでいる くすんでいる	良くないコンディション？ 自然派の可能性？
ディスク	辛口？冷涼？ 品種の特性？	薄い	中程度の	厚い	甘口？温暖？ 品種の特性？
粘性 ラルム（涙）・ジョンブ（脚）	辛口？冷涼？ 品種の特性？	低い 薄い 少ない 早い	中程度の 中程度の 中程度の 中程度の	高い 厚い 多い ゆっくり	甘口？温暖？ 品種の特性？
気泡・泡立ち	瓶内2次発酵？ 良いコンディション？	細かい気泡 規則正しい 持続性がある		大ぶりの気泡 不規則 持続性がない	ガスの注入？ 良くないコンディション？

●外観から香りと味わいを予想してみましょう

香り	
味わい	

●総合評価をしてみましょう

●香り

チェック項目	判断のポイント	◀······ ワインの状態 ······▶				判断のポイント
アタック	特徴的な品種？ アルコール度数が高い？	強くはっきりしている	強すぎない	控えめな	やや弱い	品種の特性？ アルコール度数が低い？
香りの中心	特徴的な品種？ 若い可能性？ 特殊な醸造技術？ 若い可能性？	第1アロマ 果実や花、スパイス 第2アロマ ミネラル/杏仁系/ 白い花・キャンディ		第3アロマ 木樽や酸化による複雑性		熟成感？
特徴的な果実	酸が豊富？	ライム レモン	リンゴ	グレープ フルーツ	アプリコット 洋梨 黄桃 マンゴー	滑らか？ 甘味が強い？
木樽の要素		ない			ある	渋みの存在？
複雑性 持続性	若い可能性？ 冷涼？ 悪い収穫年？	ない ない			ある ある	熟成感？温暖？ 良い収穫年？品種の特性？樽の使用？
濃縮感・凝縮感	若い可能性？ 冷涼？ 悪い収穫年？	低い	中程度の		高い	品種の特性？温暖？ 良い収穫年？ 果汁の濃縮？

●味わい

チェック項目		判断のポイント	◀······ ワインの状態 ······▶				判断のポイント
アタック		アルコール度数が高い？樽の渋み？豊富な酸？	強くはっきりしている	強すぎない	控えめな	やや弱い	アルコール度数が低い？熟成感？甘味？
味わいの構成	甘味	冷涼？ 品種の特性？	辛口	半辛口	半甘口	甘口	温暖？ 品種の特性？
	酸味	冷涼？ 品種の特性？ 特殊な醸造技術？	酸が目立つ M.L.F.している	中程度の		酸が控えめ M.L.F.していない	温暖？ 品種の特性？
	苦み 渋み	貴腐菌？ アルコール添加？ 樽による？	苦みが目立つ 渋みが目立つ	中程度の 中程度の		目立たない 目立たない	熟成感？
アルコールのボリューム感		冷涼？ 悪い収穫年？ 品種の特性？	控えめ	中程度の		ある	アルコール添加？ 温暖？良い収穫年？ 品種の特性？
濃縮感・凝縮感		若い可能性？ 冷涼？ 悪い収穫年？	低い	中程度の		高い	品種の特性？温暖？ 良い収穫年？果汁の濃縮？
余韻 あと味		冷涼？ 悪い収穫年？ 品種の特性？	短い 酸味	中程度の 甘味		長い 苦み 渋み	温暖？樽の影響？ 凝縮感？良い収穫年？品種の特性？

図表 4-7：赤ワインチェックシート

● 外観

チェック項目	判断のポイント	◀······ ワインの状態 ······▶			判断のポイント
色のタイプ	若々しい？	淡い　　　　落ち着いた 　　　ルビー 　　　ガーネット	茶 オレンジ	レンガ色 マホガニー	熟成感？ 酸化のニュアンス？
清澄度 輝き	良いコンディション？ 清澄作業が多い可能性？	澄んでいる きらきら	中程度の 中程度の	くすんでいる くすんでいる	良くないコンディション？ 自然派の可能性？
ディスク	冷涼？ 品種の特性？	薄い	中程度の	厚い	温暖？ 品種の特性？
色調と濃淡	単一品種の可能性？	中心部と外側との色調が同じ		中心部が外側と比べ黒みが強い	ブレンドの可能性？ 樽の影響？
粘性 ラルム（涙）・ ジョンブ（脚）	冷涼？ 品種の特性？	低い 薄い 少ない 早い	中程度の 中程度の 中程度の 中程度の	高い 厚い 多い ゆっくり	温暖？ 品種の特性？
気泡・泡立ち	（瓶内2次発酵？） 良いコンディション？	細かい気泡 規則正しい 持続性がある		大ぶりの気泡 不規則 持続性がない	ガスの注入？ 良くないコンディション？

● 外観から香りと味わいを予想してみましょう

香り	
味わい	

● 総合評価をしてみましょう

●香り

チェック項目	判断のポイント	◀········ ワインの状態 ········▶				判断のポイント
アタック	特徴的な品種? アルコール度数が高い?	強くはっきりしている	強すぎない	控えめな	やや弱い	品種の特性?? アルコール度数が低い?
香りの中心	特徴的な品種? 若い可能性? 特殊な醸造技術? 若い可能性?	第1アロマ 果実や花、スパイス 第2アロマ バナナ		第3アロマ 木樽や酸化による複雑性		熟成感?
特徴的な果実	酸が豊富?	木イチゴ サクランボ イチゴ　　ザクロ	プラム	ブルーベリー ブラックチェリー	ブラックベリー カシス	酸と渋味?
木樽の要素		ない			ある	渋みの存在?
複雑性 持続性	若い可能性? 冷涼? 悪い収穫年?	ない ない			ある ある	熟成感?温暖? 良い収穫年?品種の特性?樽の使用?
濃縮感・凝縮感	若い可能性? 冷涼? 悪い収穫年?	低い	中程度の		高い	品種の特性?温暖? 良い収穫年? 果汁の濃縮?

●味わい

チェック項目		判断のポイント	◀········ ワインの状態 ········▶			判断のポイント
アタック		アルコール度数が高い?樽の渋み?豊富な酸?	強くはっきりしている	強すぎない	控えめな　やや弱い	アルコール度数が低い?熟成感?甘味?
味わいの構成	酸味 甘味	冷涼? 品種の特性? 特殊な醸造技術?	酸が目立つ 甘味が目立たない	中程度の 中程度の	酸が控えめ 甘味が目立つ	温暖? 品種の特性?
	苦み 渋み	品種の特性? 樽による? アルコール添加?	苦みが目立つ 渋みが目立つ	中程度の 中程度の	目立たない 目立たない	熟成感?
アルコールのボリューム感		冷涼? 悪い収穫年? 品種の特性?	控えめ	中程度の	ある	アルコール添加? 温暖?良い収穫年? 品種の特性?
濃縮感・凝縮感		若い可能性? 冷涼? 悪い収穫年?	低い	中程度の	高い	品種の特性?温暖? 良い収穫年?果汁の濃縮?
余韻 あと味		冷涼? 悪い収穫年? 品種の特性?	短い 酸味　　甘味	中程度の 	長い 苦み　　渋味	温暖?樽の影響? 凝縮感?良い収穫年?品種の特性?

図表4-8:白ワイン・テイスティングチャート

白ワイン

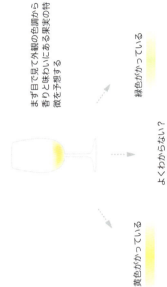

まず目で見て外観の色調から香りと味わいにある果実の特徴を予想する

黄色がかっている / よくわからない？ / 緑色がかっている

まず香りを嗅いでから口に含んで確認する

- 考え方の方向性
  1. 果実に置き換えると何に近いのか
  2. 酸の出方はどうか、目立つ（酸っぱい）のか控えめ（滑らか）なのか

滑らか ← 中庸 → 酸が目立つ

黄色のニュアンスの果実 / 緑色のニュアンスの果実

酸が控えめ / 酸が豊富 / 酸が控えめ / 酸が豊富

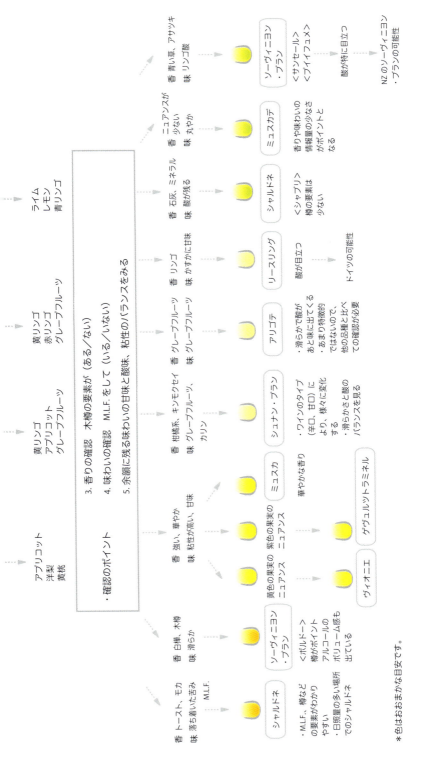

図表4-9：赤ワイン・テイスティングチャート

赤ワイン

外観の判断

淡い紫
ルビー

赤みのニュアンス
ルージュ

濃い紫
ガーネット

外観から受けた印象を香りと味わいで確認する
（香りの確認をするためにはまず先に口で味わいを見る事も大事）

口に含んでのチェック

酸と甘味・渋みのバランスがまとまっている印象

渋みは軽く
酸は感じられる
イチゴ
イチジク
サクランボ

プラム

しっかりした渋みがあり
酸も豊富
ブルーベリー
ブラックベリー
ブラックチェリー
カシス

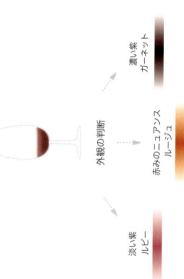

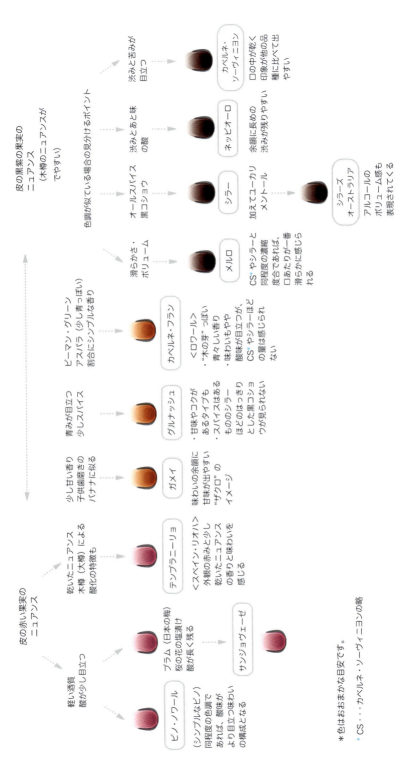

§4-3　サービス方法

　ワインの個性を理解した上で、どのようなサービス方法がふさわしいかを判断していくことは仕上げとも言える大事な作業です。今回、本書では、グラスの形状や提供温度など基本的におさえておきたい内容についてのみふれておくことにします。

［ グラスの形状 ］

　まず、どのグラスを選ぶかですが、代表的なグラスの特徴をいくつかあげておきます。
1　細長い：酸味を表したい、冷やしておいしいタイプ
2　丸みを帯びた：香りを楽しみたい
3　チューリップ形：汎用性のあるタイプ
4　ボルドー形：まさにボルドー品種向けの
5　ブルゴーニュ形：香りをしっかりと広げたい
6　食後酒のための小ぶりなグラス

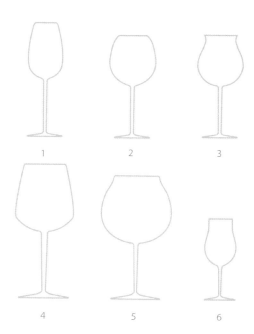

[**提供温度**]

　提供温度は、品種や造られた産地、ヴィンテージはもちろんのこと、実際に飲む季節、気温まで考えて決定されるべきであるということがポイントです。

　長年の経験から得られたワインごとの飲み頃の温度というものは存在しています。

　例えば、

- ●ヴィンテージ・ポートは 18 度から 20 度ぐらい
- ●貴腐ブドウから造られた甘口ワインは 6 度くらいから、比較的高めの温度の 14 度くらいまでの温度の幅が可能である

などです。

温度による特徴の変化

　温度の変化によって以下のような特徴があります。

- ●低い温度
  酸がわかりやすくなる、香りがまとまる（少なくなることも）。
  フレッシュな味わいや香りを強調したい場合

- ●高めの温度
  酸の要素が弱まる、香りが出やすくなる。
  ワイン自体の香りに加えて"樽から得られた要素"も香りや味わいにわかりやすく出てくる

理想の提供温度

　大まかな目安としての提供温度の理想というのはワインごとにあるわけですが、細かく言うと、真冬の 8 度と真夏の 8 度では、香りはもちろん口の中での味わいの感じ方というのはかなりの差があるわけです。

　ただ単に「冷たい温度で提供」、というのもある意味、少し無責任な設定だと言えますので、実際のサービスの中でそのワインの香りや味わいに合った温度というものを決定していく必要があります。

[**抜栓のタイミング**]

　これはワインがおいしくなる前に、どれくらいの時間を必要とするか？ということが一番のポイントです。

　若いしっかりしたフランスのボルドーやローヌ地方の赤ワインなどは、香りが開いて味わいがわかりやすくなるまでに時間がかかるため、早めに抜栓して空気に触れさせることでバランスが取れておいしくなるようにするのですが、それでも状態が硬く、なかなか開いてこないような酒質の場合には［デカンタージュ］を行って酸化の影響を促し、おいしくなるポイントを早めに持ってくるように操作することが必要になります。

[**デカンタージュとは**]

　基本的にはデカンターと呼ばれるワイン用の容器に移し替えることで、
　　●香りや味わいが開きやすくなる
　　●澱（おり）があった場合には取り除くことができる
といったような効果が期待できます。

　そのほかにも、デカンタージュを店内で行うことで"店の中の雰囲気が良くなる"といった効果もあるとされていますが、それよりも"どのような味わいや香りをこのワインから引き出したいのか"という、明確な目的があってこそのデカンタージュであるというところを忘れないように気をつけて行うことが大切です。

　古いワインや繊細な酒質のワインなどではデカンタージュを行うことによって失ってしまう要素がある場合もあるので、デカンタージュを行うには細心の注意を払うことが必要になります。
（実際のサービスでは、デカンタージュを行うにはお客様の確認＝同意が必要です。）

以上で覚えておきたいテイスティングの基礎知識は終了です。
次章では応用編として実際のコメントの例を紹介します。

[Ⅴ]
実践する

テイスティングの応用知識

【本章の読み方 —白ワイン—】

本章では、ブドウ品種ごとに、品種の特徴と代表的なワインのコメントを紹介しています。外観、香り、味わい、それぞれの特徴について実際に「表現する」練習をしてみましょう。

本章の構成

<ブドウ品種の説明>
・産地
・ポイント
・見分け方（他の品種との）
・その他

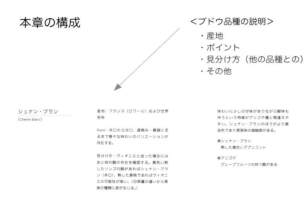

	冷涼	温暖	辛口		甘口	樽による特徴	熟成による特徴
外観	黄色、輝きのあるイエロー、黄金色のニュアンス。粘性は厚め。ディスクは厚い。 やや緑色がかる		外観自体は辛口、甘口、冷涼、温暖の大きな違いは現れない。		より粘性が強く、黄金色のニュアンスも強い。	フランスでは酸化によるニュアンスが加わる。南アメリカなどでは、少し黄色がすすむタイプもある。	他の品種と同様、外観の色調に茶色や赤みが増えてくる。輝きが減り落ち着いた外観へ。
		黄色が多くなる					
香り	黄色いリンゴやアプリコットなどの酸を思わせる香り。ミネラル、石灰などの特徴も表現される。ハーブなどの香りも。	熟した黄色い果実のニュアンス。黄色いリンゴやアプリコットの少しドライフルーツのような要素も。	黄色い花、黄色いリンゴ、アプリコット、黄色のプラム、洋梨。		左記の要素に加えて、黄桃、マルメロ、マンゴーやパイナップル（トロピカルフルーツ系）。ハチミツ（スミレ、アカシア）、シロップ漬け、ハチミツ漬けのもの。	熱を少しずつ加えていった小変料の変化に似てくる。ビスケット、パンケーキなど。	酸化のニュアンスが増し、もともとあった香りの要素（例えば果実）がドライ（水分を失う）進んでいく。
味わい	香りにあった果実を思わせる細かい酸味が舌の両側に残る。ゆっくりとした滑らかさを口中に残す。	果実の持つ甘味がよりわかりやすく現れる。穏やかな酸味は常に存在している。	香りにあった果実の味わい、やや滑らかな酸が出す円びないアタック。しかし酸の量は豊富でしわじわと口中に広がってくる。		かなりの厚みと粘性。それにしたがって余韻の長さ、香りにある果実の熟した味わい、シロップ漬け込んだような特徴も。酸が次第に現れてくるため、一般的なハチミツの甘さとは異なる。	ローストのニュアンスが加わりバランスがよりとれるタイプもある。	香りの印象と同様に酸化の傾向が増し、黄色い果実味と酸がより溶け合う。

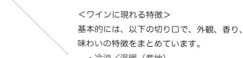

<ワインに現れる特徴>
基本的には、以下の切り口で、外観、香り、味わいの特徴をまとめています。
・冷涼／温暖（産地）
・辛口／甘口（仕上がり）
・樽による特徴
・熟成による特徴

＜ワインのコメント例＞
・銘柄名（タイトル中の長体文字は造り手を表す→例：下図の ◯ 部分）
・産地
・アルコール度数
・コメント（外観／香り／味わい／その他）

リースリング
(Riesling)

産地：ドイツ、フランス（アルザス）および世界各地

Point：リースリング＝テルペン香（植物性揮発精油）と言われることも多いです、香りの要素の中に出ていないタイプもあり注意。

見分け方：ドイツ、ニュージーランド、アルザスと産地によりアルコールのボリューム感も大きく変化するので、黄色い色調、黄色い果実香（少しマスカットにも似ている）などを手がかりに。

同じ色調である場合
● ヴィオニエ
ライチ、白いユリが出る。黄桃はリースリングの出方と似ている。

● アリゴテ
酸があと味に出やすい。香りの要素が多くない。

● アルバリーニョ
塩味、ヨード、ミネラルなど海沿いの個性がより感じられるはず。

	冷涼	温暖
外観	緑色がかった外観のレモンイエロー。輝きもありきらきらと輝いている。	黄色の色素量が多いイエロー。粘性も高く、ディスクも厚い。
香り	黄色い果実の香りが中心にあり、テルペン香が若くから出ているタイプもある。黄色いリンゴ、アプリコットなど。エニシダ（黄色い花の香りも）。	黄色い果実の熟した香り。少しヨード、テルペン香など、香りがより力強く、ボリューム感が増す。
味わい	酸を伴いながらも、黄色い果実のつけ味がわかりやすく現れることが多い。	滑らかさがあり黄色い果実の熟したドライフルーツ的なニュアンスも。アルコール度数も高めのものが多い。
その他	＜辛口／甘口＞辛口：上記の冷涼系の特徴と同様。甘口：他の V.T.／S.G.N. と同様。（→ P149）＜樽による特徴＞あまり樽のニュアンスは付け過ぎないことが多い。	

「冷涼を好む」「辛口に仕上がる」「樽の使用はない」など該当する切り口がない場合や、樽や熟成などによる特徴が「一般的な特徴と同じ」場合は、「その他」の欄を設けて、まとめて記述しています。

アルザス ウンブレヒト
Herrenberg de Turckheim Zind Humbrecht
Alsace France 13%

輝きのある青黄色がかった澄んだイエロー。粘性も充分。
アプリコット、リンゴ、黄桃のコンポートの香りが広がるが、甘すぎることなく味わいの辛口を予想させる香りの構成がある。
アタックは滑らかで、上品な酸と香りからの印象と同様の果実の甘味とあと味に現れる苦みとのバランスがとれている。
やや高めの温度であたたかい料理と合わせても、もたつきがなくおいしく感じられる構成。

アルザス キュベテオ ヴァンヴァック
Cuvée Théo Weinbach
Alsace France 13%

黄金色がかった輝きのあるイエロー。透明感もあり、粘性も充分。
キンモクセイや黄色い花の香り。加えて熟した洋梨やオレンジをスライスしたシロップ漬けなど、時間の経過とともに、酸の豊富なパイナップルのような香りも現れてくる。
アタックは滑らかで、厚みやボリュームが感じられ、豊富な粘性が余韻を長く感じさせる。心地よい豊潤な果実の甘味が口中に広がる。大柄すぎない透質のワイン。

ピースポーター カビネット
Piesporter Goldtröpfchen Kabinett
Mosel-Saar-Ruwer Germany 8.5%

透明感に近い淡い色調のレモンイエロー。きらきらと輝きもある。
ユリの花を思わせる強すぎない香りやテルペン香と呼ばれる品種に由来した香りはもちろんのこと、常温に置いた玉ネギの香りのようなひと個性的な香りも。
アタックは控えめでレモンや黄色いリンゴなどを含む相様系の果実の香のシロップ漬けの味わいはあるものの、全体としてはシンプルな味わいの構成。アルコール度数も控えめ。飲みやすく、あと味には軽い甘味も。

シャルドネ

(Chardonnay)

産地：フランス（ブルゴーニュ）はじめ世界各地

Point：産地や造りによっての変わり身の多い品種。まずは、M.L.F.（マロラクティック発酵→P.81）と樽のニュアンスから探し始めること。

見分け方：ソーヴィニヨン・ブランであれば、M.L.F. の特徴を持つものは少ない。リースリングも同様。

	冷 涼	温 暖	M.L.F.（マロラクティック発酵）	
外観	緑色がかった、透明感、清澄度良好、輝き。レモンイエロー、ライムイエロー。黄色の色素が目立つものもある。	黄色が多く出る、濃縮感も増える、粘性もより感じられる。	きらきらと輝く状態から落ち着きのある外観へと変化していく。	
香り	ミネラル、石灰、ハーブ香などの緑色のニュアンス。花、リンゴ、柑橘系などの黄色のニュアンス。	カリン、洋梨、トロピカルフルーツ、マンゴー、パイナップルなど過熟気味の状態、アプリコット、ハチミツなど。	カスタードクリーム、杏仁豆腐、発酵バター。	
味わい	すっきりとした酸を伴うアタック、柑橘系の出すぎない酸味。シャブリ：あまり強すぎない酒質、余韻にリンゴやハーブ香など緑色のニュアンス。	厚みがあり、酸は控えめ。粘性が厚く、グリセロール** から生成される控えめな甘味。丸みがあり、黄桃やカリン、トロピカルフルーツなどの滑らかな味わい。	酸味が穏やかになる。味わいに複雑味が増す。	

その他：シャルドネは外部からの影響により特徴が変化しやすく、その特徴からワインの造られた場所や醸造技術を考える。

	樽による特徴	熟成による特徴
	造り手によるが、酸化のニュアンスにより熟成感の現れているタイプも。	黄金色や琥珀（こはく）色、茶色みへと進んでいく。
	ボワゼ*、少し焦がしたローストアーモンド、樹脂っぽい。 ヴァニラ→新樽の要素はカリフォルニアやオーストラリアに多いスタイル。	熟成により、香りはより複雑性を帯び、ドライフルーツからシャンピニオン、白カビチーズへ。さらに、ヨードの香り、オロロソ・シェリー酒（→P.182）の持つ酸化的な香りへと進んでいく。
	（新樽） 余韻に心地よい苦み ↓ 産地特定への手がかり	それぞれの要素（酸味、甘味・・・）がまとまる。ブルゴーニュでは細かい酸味を保ちながら丸やかさが増していく。

* ボワゼ（Boisé）：
木の香り、木質を思わせる香り。

** グリセロール：
アルコールの一種。ワインの滑らかさに大きな役割を持ち、少し甘味を伴う。

シャブリ ウーダン
Chablis Oudin
Bourgogne France　12.5%

　輝きのある緑がかったレモンイエロー。
　柑橘系の果物や少し蜜蝋（みつろう）のニュアンスも香りに感じられるが、全体的には控えめな印象。
　はっきりとしたアタックで、酸が優しく感じられ、石灰やミネラルのニュアンスが口の中に静かに広がる。
　暑い年の特徴を述べると、収穫年が暑い年でありながら細かい酸味がよく表現されている。あと味は少し乾き気味に終わる。

シャブリ ロンデ・パキ
Chablis Albert Bichot Long Depaquit
Bourgogne France　12.5%

　落ち着いた印象を受ける澄んだレモンイエローの外観。透明感も充分。
　黄色い果物の穏やかな香り。カリン、アプリコット、加えて日本の梨の芯の部分を思わせる甘い香りも。グラスをまわすと石灰やミネラルのニュアンスに加えて、少し海草のようなヨードの香りも。
　味わいは心地よく、細かい酸味やミネラルの要素が口の中にゆっくりと広がる。余韻は少し長め。

マコン シャントレ ヴァレット
Mâcon Chaintré Valette V.V.
Bourgogne France　13%

　黄金色がかった澄んだイエロー。ディスクには少し緑のニュアンスも感じられる。
　温度が低い状態では酸味を伴った柑橘系の香りが中心にあり、温度が上がることにより香りの複雑味が増し、ハチミツやシュー生地やビスケット、トースト、焦がしバターなどさまざまな要素がでてくる。
　はっきりとしたアタックに始まり、黄色い果実の酸を伴った甘味と少し木質のニュアンスも。
　サービスをする際にはデカンタージュを行い、温度を上げてサービスを行いたい。

ウルフ・ブラス　ゴールドラベル
Wolf Brass Gold Label
Adelaide hills South Australia Australia　13%

　充分な輝きが感じられる緑がかったやや濃いめのレモンイエロー。
　香りには黄色い熟した果物、カリン、洋梨、黄色いリンゴなどが感じられ心地よい。
　味わいは滑らかで、香りから受けた印象よりも少し粘性のある果物、桃やアプリコットのような甘味に加えて、バターやビスケットなど少し小麦粉に熱を加えたような特徴も。樽の要素は余韻にまで広がり、全体としてあと味はドライな印象で終わる。

ルーウイン　プレリュード
Leeuwin Estate Prelude Vineyard
Margaret river Western Australia Australia　14%

　とても澄んだ印象の緑色がかったイエロー。輝きも充分。
　香りには黄色い果実のニュアンス、カリン、アプリコット、プラムなどが広がり、心地よい印象。
　味わいには酸が充分に感じられ、黄色の果実のニュアンスがあるのだが、温度が低くても心地よさは保たれる。苦みはあまり味わいに現れない。余韻にまで充分な粘性が感じられる。

オック　シャルドネ
Vin de Pays d'oc Robert Skalli Chardonnay
Languedoc France　13%

　やや黄金色がかった澄んだ色調のレモンイエロー。
　香りの第一印象にはまとまりが感じられ、黄色い花（特にエニシダ）やアプリコットやプラムなどの黄色い果実の香りが広がる。
　アタックは滑らかで香りから受ける印象と同様に心地よく、加えて少し塩味や金属的なニュアンスもあと味に感じられる。全体としては強すぎない酒質。

ウエンテ　モントレー
Wente Monterey
California America   13.5%

　輝きのあるやや黄金色がかったイエロー。
　黄色い果実の香りに加えて少しヨードっぽいニュアンスと金属的な（10円玉の様な銅に似た）特徴も現れる。
　アタックは滑らかで酸もあるが、黄色い桃のような滑らかな粘性が口の中に長く続く。余韻には塩味も少し現れる。樽からの要素は出すぎない。

サン・ヴェラン　ルイジャドー
Saint-Véran Louis Jadot
Bourgogne France

　落ち着いた印象の澄んだイエロー。輝きも充分。
　冷たくしたリンゴやアプリコットなどの黄色い果物の香りがまず感じられ、加えて黄色い花やヨード、貝殻なども温度が上がるとともに現れてくる。
　味わいは落ち着きの感じられる丸みを帯びた心地よいもので、細かい酸を伴ってやや長めの余韻を残す。味わいにも特徴的なヨードっぽさが表現されている。

ワインの勉強の進め方 1

　ワインについて「どのように勉強をすればよいでしょうか？」もしくは「どこから手をつけていいのかわかりません!?」と聞かれることが多いのですが、ワインの勉強ってほとんど暗記ですし、専門の単語も多いし、学び始めが一番しんどいのではないかと思います。

　スタートにはいろいろな方法がありますが、まず初めは各国ごとのワイン産地の場所とそこで栽培されているブドウ品種を覚えるところから始めるのが、良いのではないかと思います。

　フランスを例にとると、まず代表的な産地の場所、大まかな位置関係を見ます。

　"ボルドーってここにあるんだ"とか"ブルゴーニュはこの辺。ルーシオンは地中海に沿ってあって面積も広いね"など、大まかな位置関係を覚えます。

　その後でボルドーの赤の品種はカベルネ・ソーヴィニオンとメルロとカベルネ・フランが中心。ブルゴーニュになるとピノ・ノワールなんだなと、産地ごとの品種を覚えていきます。最初にこの作業をしておくと、後々（あとあと）造られるワインの種類や、その特徴なども覚えやすいからです。

　最初に自分の好きな造り手の個性や特徴などから始めると、絶対にだめ！ということもありませんが、できればあまり悩まず、迷わず進んでいくためには場所、すなわち地理から始めるのが、結果的には近道なのではないかと思います。

ソーヴィニヨン・ブラン
(Sauvignon blanc)

産地：フランス（ボルドー、ロワール）およびに世界各地

Point：最初にまず覚えておきたい品種。特徴的な浅葱（アサツキ：緑色の細いネギ）の香りをまず身につける。

	冷　涼	温　暖	
外観	緑色のニュアンス。 透明感、輝きのあるライムイエロー／レモンイエロー。	黄色の色素量が増す。粘性がより目立つ。	
香り	ソーヴィニヨン・ブラン種に現れやすいメトキシピラジン*という香りの成分により、緑色のニュアンスの香り。ハーブ（セルフィーユ・エストラゴン）、浅葱、ネギ、フヌイユ（ウイキョウ）、セロリラヴ（根セロリ）、ライム、柑橘系の香り、カシス（黒スグリ）の新芽、石灰やミネラル。さらにコブミカンの葉、ネコのおしっこ、シシトウ、ピーマン。	基本的には左記の特徴に加えてボルドーの白などでは樽（特に新樽）の要素が加わることが多い。白樺の樹皮の香り、木質の香り。	
味わい	酸味をしっかりと醸す造りのものが多く、フレッシュ、柑橘系の味わい。リンゴ酸がしっかりと残る。 より酸が目立つ構成であれば、より涼しいニュージーランドなどの可能性もある。	酸はあるもののややグレープフルーツ的な「厚みのある酸」が出やすい。おいしい苦み。 ボリューム感があり、樽を使用することで味わいの構成がしっかりとして余韻が長くなる。	

見分け方：同じ色調であった場合には、

●シャルドネであれば、M.L.F. や木樽からの影響のため、味わいがもう少し丸やかになりやすい。

●リースリングであれば、緑色の特徴が少なくなり黄色の色調がでやすい。黄色いリンゴや丸やかな粘性が感じられる。

樽による特徴	熟成による特徴
樽によって少しの酸化が促されることになるので、少し熟成感が進んだ色調へと進む。	熟成によって、黄色があせていき、茶色のニュアンスへと進む。
ボルドーの白ワインに現れやすい杉の樹皮や白檀などの清涼感は新樽との組み合わせで得られる様になる。	やや金属的な香り、銅（5円玉）のニュアンス。ボルドーのグラーヴの熟成したタイプにおいては、少しホコリっぽかったり、ヨード的な香りを出すものもある。
ボルドー：ボリューム感があり余韻も長い。特に若いうちは樽からの木質の味わいがわかりやすく出ている。	ボルドー：(生産年によって異なるが)細かい酸味を伴った余韻が長く続く。金属的なニュアンスが舌に残る。

* メトキシピラジン：
グリーンアスパラや浅葱に似た香り。

プイイフュメ　ジットン
Pouilly Fumé Gitton
Loire France　13%

　輝きのある澄んだイエロー。ディスクは厚く、粘性も充分。
　香りの印象は控えめで黄色い花や石灰、ミネラルなども。ソーヴィニヨン・ブランを見分ける上での手がかりになる特徴的なグリーンアスパラガスの香りも。
　味わいは滑らかに始まり、細かい酸味を伴ったグリーンのハーブの味わいが広がる。とても暑かったヴィンテージの特徴としては厚みがあり、余韻も長い。

スミスオーラフィット
Smith Haut Lafitte Pessac-Léognan
Graves Bordeaux France　13%

　やや深みの感じられる濃いめのイエロー。アプリコットや桃など熟した黄色い果物の香りと木質のニュアンスがまず香りに感じられ、加えてアカシアの蜜、少し白樺のニュアンスも。温度が上がるにつれて木樽からの要素が分かりやすく現れてくる。
　味わいも香り同様、黄色い果物に加えて木樽からの要素が重なってくる印象。滑らかさが充分に感じられ、やや大柄な酒質でありながら、あと味には細かい酸も表現されている。

シュバルカンカール　アントル・デュー・メール
Entre-Deux-Mers, Cuvée Clémence, Cheval Quancard
Bordeaux France　–Fut du chéne*–　12.5%

　輝きのある澄んだイエロー、美しい色調。
　マルメロや黄色い花などの香りがわかりやすく広がり、加えて時間の経過とともに樽からの要素なのか少し白檀の香りも現れてくる。
　口に含むと細かい木質の酸が中心に目立つ。全体的な酒質は控えめで、果実の凝縮度による甘味と木樽からの要素とのバランスがとれている。

*フュ・ド・シェン：樽（通常は新樽を意味することが多い）を使用していることを表す。

キムクロフォード　マールボロ
Kim Crawford Marlborough
New Zealand　13%

　とても澄んだ色調のイエロー。輝きもあり透明感が感じられる。
　涼しい気候とあいまって分かりやすく広がる典型的なソーヴィニヨン・ブランの特徴、浅葱（アサツキ）、エストラゴン、アーティチョーク、青いシシトウ、グリーンアスパラガス、つげの櫛など。
　口に含むと豊富な酸とボリューム感があり、あと味にやや甘い印象を残す。典型的なニュージーランドのソーヴィニヨン・ブランでありバランスもとれている。

ネペンス
Nepenthe
Adelaide Hills South Australia Australia　12.5%

　美しい外観の透明感のあるレモンイエロー。
　柑橘系の酸を思わせる青リンゴの香りと石灰やミネラル、温度の上昇とともに海の海苔っぽいヨードの香りも。
　酸を伴った青リンゴやボンボン・アングレ*のようなキャンディっぽいアタック。全体的な酒質は控えめでまとまっている。

＊ボンボン・アングレ：テイスティング用語で、キャンディの様な果実味と甘味がわかりやすく表現され、少し甘味を伴う。

マーカム
Markham
Napa California America　13.8%

　輝きのあるレモンイエロー、ディスクも厚く、輝きも充分。
　少し香ばしい香りがまず感じられ、アカシアの蜜や木樽のニュアンス、加えて滑らかな黄色い果物の香りも広がってくる。
　あと味はドライで香りや味わいにはあまりソーヴィニヨン・ブラン的なわかりやすい特徴が出すぎることはなく、まとまっている印象を受ける。

シュナン・ブラン
(Chenin blanc)

産地：フランス（ロワール）および世界各地

Point：辛口から甘口、遅摘み・貴腐に至るまで様々な味わいのバリエーションが存在する。

見分け方：ヴィオニエと迷った場合にはあと味の酸の存在を確認する。黄色い熟したリンゴの酸があればシュナン・ブラン（辛口）、熟した黄桃であればヴィオニエの可能性が高い。（日照量の違いから果実の種類に差が生じる。）

	冷涼	温暖	辛口
外観	黄色、輝きのあるイエロー、黄金色のニュアンス。粘性は厚め。ディスクは厚い。 やや緑色がかる	黄色が多くなる	外観自体は辛口、甘口、冷涼、温暖の大きな違いは現れない。
香り	黄色いリンゴやアプリコットなどの酸を思わせる香り。ミネラル、石灰などの特徴も表現される。ハーブなどの香りも。	熟した黄色い果実のニュアンス。黄色いリンゴやアプリコットの少しドライフルーツのような要素も。	黄色い花、黄色いリンゴ、アプリコット、黄色のプラム、洋梨。
味わい	香りにあった果実を思わせる細かい酸味が舌の両側に残る。ゆっくりとした滑らかさを口中に残す。	果実の持つ甘味がよりわかりやすく現れる。穏やかな酸味は常に存在している。	香りにあった果実の味わい、やや滑らかな酸が出すぎないアタック。しかし酸の量は豊富でじわじわと口中に広がってくる。

味わいに少しの甘味がありながら酸味も伴うという特徴がアリゴテ種と間違えやすい。シュナン・ブランのほうがより黄金色であり果実味の凝縮感がある。

●シュナン・ブラン
　熟した黄色いアプリコット

●アリゴテ
　グレープフルーツの持つ酸がある

	甘　口	樽による特徴	熟成による特徴
	より粘性が強く、黄金色のニュアンスも強い。	フランスでは酸化によるニュアンスが加わる。南アメリカなどでは、少し黄色みがすむタイプもある。	他の品種と同様、外観の色調に茶色や赤みが増えてくる。輝きが減り落ち着いた外観へ。
	左記の要素に加えて、黄桃、マルメロ、マンゴー、パイナップル（トロピカルフルーツ系）、ハチミツ（スミレ・アカシア）、シロップ漬け、ハチミツ漬けのものも。	熱を少しずつ加えていった小麦粉の変化に似てくる。ビスケット、パンケーキなど。	酸化のニュアンスが増し、もともとあった香りの要素（例えば果実）がドライに（水分を失う）進んでいく。
	かなりの厚みと粘性、それにしたがって余韻の長さ、香りにある果実の熟した味わい、シロップに漬け込んだような特徴も。 酸が次第に現れてくるため、一般的なハチミツの甘さとは異なる。	ローストのニュアンスが加わりバランスがよりとれるタイプもある。	香りの印象と同様に酸化の傾向が増し、黄色い果実味と酸がより溶け合う。

ソミュール ラングロワ・シャトー
Saumur Langlois-Château
Loire France　13%

　きらきらと輝く澄んだイエロー。粘性も充分に感じられる。
　黄色い桃やアプリコットなどの香りが分かりやすく広がるものの、全体的には控えめな印象の香りの出方。
　アタックは滑らかで、心地よい酸を伴った味わいが舌の中心に残る。ミネラルや石灰のニュアンスも感じられるみずみずしく若々しい味わい。温度が上がると粘性もより表現されハチミツのニュアンスも加わる。

サヴニエール　ボマール
Savennières Trie Spéciale Baumard
Loire France　13.5%

　やや黄金色がかった輝きのあるイエロー。
　アプリコットやリンゴ、桃などの黄色い果実の香りがまず感じられ、加えて黄色い花やハチミツ、温度が上がるにつれて木樽のニュアンスも現れる。南の産地を思わせるような砂糖漬けの果物の甘い香りもする。
　アタックは滑らかで黄色い果実の穏やかな酸が広がり、余韻へとつながる。ボリューム感はあるのだが、常に細かい酸が味わいを引き締めるため、実際のアルコール度数よりも低く感じる。

カール・ド・ショーム　ボマール
Quarts de Chaume Baumard
Loire France　12.5%

　やや深みのある、澄んだ色調のイエロー。ディスクはやや厚め。粘性も充分。
　シロップに漬けた黄色いリンゴや洋梨などの心地よい甘い香りがまず感じられ、温度が上がるとともに、力強さと複雑味が増してくる。
　味わいの中心には細かい酸味が常にあるため、あと味は外観から受ける印象ほどには甘味が突出することなくバランスがとれている。

コトードレイヨン　ラングロワ・シャトー
Coteaux du Layon Langlois-Château
Loire France　13%

　輝きのあるやや濃いめのレモンイエロー。
　マルメロや洋梨などの熟した香りや少し酸を予想させる柑橘系の果物やグレープフルーツの香りも。
　滑らかなアタックに始まり、口中での粘性も充分。白い果実のコンポートのような味わいが感じられ、単なる甘口ではなく、飲み飽きない酸や落ち着いた渋みもある。木樽からの要素なのか、カカオの様な乾いた長く続く余韻で終わる。

ワインの勉強の進め方 2

　ある程度フランスの場所と品種がわかるようになると、今度はイタリア、そしてスペインとゆっくり少しずつ進んでいくのですが、このときのポイントとして"言語の似た国同士を続けて暗記しようとしない"ということも大事なポイントになります。

　どういう意味かと言うと、スペインを覚えた後にポルトガルを覚えようとしても、産地名や特徴的な名詞が似ているために混乱しやすく、同時にチリの後にアルゼンチンとか、オーストラリアをがんばった後に休む間も惜しんでニュージーランドに取り掛かる！ということをしないで、ワインの醸造の箇所を間にはさむとか、興味のある国の料理やチーズを覚えるといったように暗記を続けていく上で、少し工夫をしたほうが、同じ時間をかけたとしてもより良い効果が上げられると思います。

フランス・アルザス品種
　次に、フランスのアルザス地方の品種として有名な品種をまとめて紹介します。アルザスでは、単一品種で造られることが多く、ラベルにA.O.C. 名とともに品種名が明記されています。"アルザスの白ワイン"という場合には、次の4品種をまず覚えておきましょう。

- ●リースリング
- ●ゲヴュルツトラミネル
- ●ピノ・グリ
- ●ミュスカ

ほかに、アルザスでは、ブドウの収穫に関する2種類の表記があります。次ページにその特徴をまとめました。

Vandanges Tardive（V.T.）
- ●ヴァンダンジュ・タルディヴ（遅摘み）
ブドウを通常の収穫より遅い時期まで待って完熟した状態で収穫する。

Sélections de Grains Nobles（S.G.N.）
- ●セレクション・グラン・ノーブル（粒選り・貴腐）
貴腐のついたブドウをより分けて収穫する。

＊アルザスワインとドイツワイン
　アルザスはドイツと近く、気候も冷涼であるため、ドイツワインとよく似ているとも言われています。ドイツが甘口タイプが多いのに対し、アルザスでは辛口も多く造られています。

	V.T. / S.G.N. の特徴
外観	まず、他のワインとの大きな違いは外観に現れ、粘性が高く、ねっとりとしたジョンブ・ラルムがグラスの縁（ふち）にわかりやすく現れる。 ディスクもかなり厚く、アルコールのボリューム感も見てとれる。 色調には、しっかりとしたイエローがあり、黄金色・琥珀（こはく）色のニュアンスを持つものも。 収穫時期が遅いため、緑色がかっていることは少ない。
香り	基本的には用いられている品種の個性がわかりやすく現れる。 （例：リースリング→黄色い花、黄色いリンゴ 　　　　ゲヴュルツトラミネル→ライチ、白い大ぶりのユリの花　など） それらに加えて黄色の熟した果実の香り→黄色いリンゴ、アプリコット、洋梨、桃（黄桃）、マンゴー、パイナップル、ライチ、パッションフルーツなども品種に合わせて用いる。 完熟している、皮ごとつぶしたような、シロップに漬け込んだ、砂糖漬けの、煮込んだジャムのような、などワインの状態に合わせて、果実のコンディションを細かく説明していく。 黄色い花、冷めた紅茶、ハチミツ（アカシアのハチミツ、レンゲのハチミツなど、品種により異なる）。
味わい	外観から受ける印象そのままに、かなり粘性が高い（"とろみ"が感じられる）。 味わいのアタックは、滑らかさから始まり、香りにあった果実の甘い味わいが口中にゆっくりと広がる。 ＜ V.T. と S.G.N. との大まかな見分け方＞ 　V.T. 　：甘味がゆっくりと広がり、キャンディをなめたときのような 　　　　　　少しの苦みが残る場合もある。 　S.G.N.：甘味の後に、貴腐の影響によって細かい酸味が出る場合が多く、 　　　　　　ここが V.T. と少し異なる。 ＊造り手によって、ブドウ品種によって、ヴィンテージによって上記の特徴は異なるので一概には決め付けられないが、大まかな目安として覚えておきたいところ。

リースリング

(Riesling)

産地：ドイツ、フランス（アルザス）および世界各地

Point：リースリング＝テルペン香（植物性揮発精油）と言われることも多いが、香りの要素の中に出ていないタイプもあり注意。

見分け方：ドイツ、ニュージーランド、アルザスと産地によりアルコールのボリューム感も大きく変化するので、黄色い色調、黄色い果実香（少しマスカットにも似ている）などを手がかりに。

同じ色調である場合

● ヴィオニエ
ライチ、白いユリが出る。黄桃はリースリングの出方と似ている。

● アリゴテ
酸があと味に出やすい。香りの要素が多くない。

● アルバリーニョ
塩味、ヨード、ミネラルなど海沿いの個性がより感じられるはず。

	冷涼	温暖
外観	緑色がかった外観のレモンイエロー。輝きもありきらきらと輝いている。	黄色の色素量が多いイエロー。粘性も高く、ディスクも厚い。
香り	黄色い果実の香りが中心にあり、テルペン香が若くから出ているタイプもある。 黄色いリンゴ、アプリコットなど。エニシダ（黄色い花の香りも）。	黄色い果実の熟した香り。少しヨード、テルペン香など。 香りがより力強く、ボリューム感が増す。
味わい	酸を伴いながらも、黄色い果実の持つ甘味がわかりやすく現れることが多い。	滑らかさがあり黄色い果実の熟したドライフルーツ的なニュアンスも。アルコール度数も高めのものが多い。
その他	＜辛口／甘口＞ 　辛口：上記の冷涼の特徴と同様。 　甘口：他の V.T. / S.G.N. と同様。（→ P.149） ＜樽による特徴＞ あまり樽のニュアンスは付け過ぎないことが多い。	

アルザス ウンブレヒト
Herrenberg de Turckheim Zind Humbrecht
Alsace France 13%

　輝きのある黄金色がかった澄んだイエロー。粘性も充分。
　アプリコット、リンゴ、黄桃のコンポートの香りが広がるが、甘すぎることなく味わいの辛口を予想させる香りの構成がある。
　アタックは滑らかで、上品な酸と香りからの印象と同様の果実の甘味とあと味に現れる苦みとのバランスがとれている。
　やや高めの温度であたたかい料理と合わせても、もたつきがなくおいしく感じられる構成。

アルザス キュベテオ ヴァインヴァック
Cuvée Théo Weinbach
Alsace France 13%

　黄金色がかった輝きのあるイエロー。透明感もあり、粘性も充分。
　キンモクセイや黄色い花の香り。加えて熟した洋梨やオレンジをスライスしたシロップ漬けなども。時間の経過とともに、酸の豊富なパイナップルのような香りも現れてくる。
　アタックは滑らかで、厚みやボリュームが感じられ、豊富な粘性が余韻を長く感じさせる。心地よい素直な果実の甘味が口中に広がる、大柄すぎない酒質のワイン。

ピースポーター カビネット
Piesporter Goldtröpfchen Kabinett
Mosel-Saar-Ruwer Germany 8.5%

　透明に近い淡い色調のレモンイエロー。きらきらと輝きもある。
　ユリの花を思わせる強すぎない香りやテルペン香と呼ばれる品種に由来した香りはもちろんのこと、常温に置いた玉ネギの香りのような少し個性的な香りも。
　アタックは控えめでレモンや黄色いリンゴなどを含む柑橘系の果物のシロップ漬けの味わいはあるものの、全体としてはシンプルな味わいの構成。アルコール度数も控えめ。飲みやすく、あと味には軽い甘味も。

ゲオルグミュラー ラインガウ
Hattenheimer Scutzenhaus Kabinett Georg Muller
Rheingau Germany   9.5%

　透明感のある淡い色調のイエロー。
　酸を思わせる柑橘系や黄色いリンゴを砕いたような香りに加えて、スターフルーツのようなやや青みを帯びた特徴も。ミネラルや石灰のニュアンスも。
　はっきりとしたアタックで、冷たいリンゴをかじったときのような豊富な酸味が口中を引き締め、すっきりとした辛口の味わい。アルコール度数も控えめ。

パリサー リースリング
Palliser Estate Martinborough
New Zealand   13.5%

　淡い色調の落ち着きの感じられるレモンイエロー。ディスクには少し茶のニュアンスも。
　浅葱（アサツキ）やハーブなどの青く若い香り。リンゴの香りやテルペン香もあり、強すぎることはないが、香りの持続性はある。
　アタックは滑らかで、ボリューム感は控えめ。香りにあった印象と同様の味わいに加えて、ミネラルも豊富に感じられる。特徴的な点として、酸味が舌先に長く残る。

ウォーターヴェール グロセット
Water Vale Grosset
Clare Valley South Australia Australia   13%

　輝きのある青みがかったレモンイエロー。ディスクはやや厚い。
　黄色い花やリンゴ、洋梨などの香りに加え、少し漬け物のたくわんっぽい香りも。ただし、全体としては若い印象が感じられる。
　アタックには細かい酸が感じられ、香りに合った果実の味わいに加えて少しヨードの特徴も。温度変化により、酸や甘味、味わいの変化も大きく出てくるタイプ。冷たく冷やすと、飲みやすく、石灰やミネラルなどの要素が。温度が上がるとボリューム感が感じられ、あと味にローストの要素も現れる。

ウエンテ　モントレー

Monterey Wente
California America　13%

　澄んだ色調のやや濃い印象のイエロー。粘性も充分。
　熟したリンゴや洋梨、プラムなどの甘い香りがわかりやすく広がり、持続性もある。
　味わいは滑らかで、細かく上品な酸と心地よい苦みが少しずつ現れてくる構成。余韻には、甘味の要素が多く表現されている。大柄すぎずまとまりの良いタイプ。

ヴィンテージの評価について

　ワインは農作物であるブドウから造られるので、毎年のヴィンテージ評価が話題になることが多く、実際に現場でも造られた年の評価を聞かれることも多いのですが、私自身はあくまでも大まかな目安としてとらえるようにしています。
　"2003年はとても暑かった"、"2005年は平均的に出来が良かった"などはもちろん参考にはしますけれども、一番大事なのは出来上がったワインがどうなのか？将来性はあるのか？いつごろに、どう提供すればゲストに喜んでいただけるのか？そこにうちの店の個性は表現できるのか？とお天気の結果だけではないところを感じとらなければなりません。
　ただし、しっかりしたワインを探したいときには2001年よりは2003年のほうがボリューム感は得やすいでしょうし、若いうちからバランスの良いワインをオンリストしたい場合には、2006年ではなく2005年から探してみるなど、若いうちでの酒質とボリューム感の現れ方としての目安にはとても役立ちます。

ゲヴュルツトラミネル
(Gewürztraminer)

産地：フランス（アルザス）、ドイツ、アメリカ、カナダ、オーストラリア、ニュージーランド、南アフリカ

北の産地のイメージが強いが、最近は地球温暖化の影響のためか特に夏場の温度も高く、ブドウ自体にも力強さが感じられる。

	冷涼 ― 温暖	やや辛口	甘口
外観	透明度のあるイエロー。ディスクは厚め。粘性も高い。	左に同じ。	黄色の色素量が増す。粘性がより目立つ。
香り	とても特徴的ーライチ、白いバラ、ユリの花、ジャスミンなど。少し白コショウも。スミレやブルーベリー（ミルティーユ）などの紫色のニュアンスを伴うことがある。	左に同じ。	品種からの特徴として、黄色い花、黄色い果実のコンポート、ハチミツ、ノワゼット（ヘーゼルナッツ）など甘口に、より多くの香りが存在する。
味わい	ねっとりとした粘性があり滑らか。酸は控えめでボリューム感があり余韻も長い。辛口なのか甘口なのかで大きく変わってくる味わいの構成。	アプリコット、黄桃などに加えて香りと同様、スミレやブルーベリーなど紫色のニュアンスを感じる。豊富な粘性もあり余韻が滑らかで長い。アルコールのボリューム感もあり酸は少し控えめ。	V.T. / S.G.N.（→ P.149）を参照。

Point：やはり個性のある香りがこの品種のポイント。味わいは肉厚でボリューム感が出やすい。最近ではアルコールも高めになることが多い。
辛口から半甘口、遅摘みや貴腐まで味わいのバリエーションは広い。

見分け方：（ヴィオニエとの見分け方）
ゲヴュルツトラミネルは果粒がうす紫色の色素を持つため、香りに紫色のスミレや紫スモモ（クウェッチ）などのニュアンスを持つのに対し、ヴィオニエはアプリコットやエニシダの花など黄色のニュアンスが勝る。

その他（上級編）：リナロール、ネロールなどバラの香りに近い成分が多い。

	樽による特徴	熟成による特徴
	フランス・アルザス：木樽の要素はあまり感じられない（用いられない）。	他の品種と同様に落ち着いた外観へ。粘性は保たれ、黄色の色調も残る。
	樽を使うことは少ない。やはりこの個性的な香りが常にワインに存在している。	複雑性が増し、様々な要素が溶け合う。さらに長期間を経て、香りがまとまりをもってくることも。ゲヴュルツトラミネルの特徴的な香りは保たれる。
	少し酸化的なニュアンスが現れる。アルコールのボリューム感が少し控えめになる。	味わいが落ち着くため、若い頃には見つけにくかった酸味が現れやすくなる。アルコールのボリューム感はあまり減らない。

アルザス　キュベテオ　ヴァインヴァック
Cuvée Théo Weinbach
Alsace France　13.5%

　少し緑のニュアンスを帯びたライムイエロー。輝き、粘性は充分に感じられる。
　スミレやジャスミン、ヴェルヴェンヌなどの花やハーブの香りに加えて熟したリンゴやレモンのハチミツ漬け。さらに白コショウやハム、ソーセージに似た香りも。
　アタックは滑らかで、あまり大柄な酒質ではないものの甘味を感じさせる余韻は徐々においしい苦みへと変化していく。杏仁系の味わいもあと味に表現される。

アルザス　ボクスレ
Albert Boxler
Alsace France

　黄金色がかった輝きのあるイエロー。ディスクは厚く、豊富な粘性も感じられる。
　キンモクセイやジャスミンなどの花束を思わせる豊富な香りに加えて、ライチや白檀の香りも。黄桃や熟した黄色いリンゴのコンポートの香りに始まり、時間の経過とともに熱を加えられた焼きリンゴを思わせる少し焦げたニュアンスの要素も味わいに出てくる。
　全体的に酸が充分にあるため、引き締まって感じられる。

アルザス　ポールブランク
Vieilles Vigne Furstentum Paul Blanck
Alsace France

　かすかに茶色のニュアンスの感じられる黄金色がかったイエロー。
　黄桃、ユリの花、ライチなどの特徴的な香りに加えて、樹脂や黄色いゴムのニュアンスも。
　味わいは滑らかで、熟した桃やリンゴの甘味と酸とのバランスのよい味わいがまず感じられ、徐々に粘性を伴っておいしい苦みが口の中に広がってくる。余韻もとても長い。

アルザス　ウンブレヒト
Herrenberg de Turckheim Zind Humbrecht
Alsace France

　輝きのある黄金色がかったイエロー。中心部に少しくすんだ（酸化による？）ニュアンスもある。
　熱を加えた黄色いリンゴや桃の香りに加えて、アカシアのハチミツ、少し焦げた香り、かすかにシナモンも感じられる。
　味わいは滑らかで、過熟気味の黄色い果物の味わいがまず感じられ、心地よい酸味と全体を引き締めるおいしい苦みが印象的。
　時間の経過とともに、香り、味わいの変化が大きく現れる酒質のために温度やグラスの形状の変化で様々な表現ができる。

ワインの個性を表現する

　ワインを飲む際に大きく影響を及ぼす要素として、温度とグラスの形状の関連性があります。またソムリエとしてはそこを利用してワインの個性が伝わるように考えるのです。
　"提供温度が低い"と香りが控えめになり酸味が増します。"高い"と香りがわかりやすく、酸以外の要素が強調されやすくなります。グラスは細身であれば香りの凝縮感が増し、味わいの酸味がとりやすくなり、丸く大きな形であれば、香りがわかりやすく広がり、甘みがよりとらえやすくなります。ソムリエはゲストの飲むスピードや合わせる料理を考えた上で、ワインの持つ香りや味わいをどの順番で表現したいのか、このワインをどのように伝えると、喜んでいただけるか考慮した上で、グラスと温度とを組み合わせて提供しているのです。

ピノ・グリ

(Pinot Gris)

産地：フランス（アルザス、サヴォワ）、ドイツ、イタリア、オーストラリア

基本的には粘性の感じられる滑らかなワインを生み出すが、産地によっては（特にイタリアのピノ・グリージョ）、収穫量や収穫年などにより、軽く、酸の豊富なタイプが造られることもある。辛口も多く造られている。

	冷涼	温暖	やや辛口 * （ピノ・グリージョなど）
外観	少し緑色がかったイエロー。粘性もありディスクも厚め。	輝きのあるイエロー。粘性は充分。ディスクも厚く、凝縮感もある。 イタリア：造られた年により外観の色調が変化しやすい。日照量に恵まれた年→黄色がかる。	黄色から黄金色がかっている。粘性はかなり高い。
香り	黄色の果実のニュアンス 少し若く、酸味を思わせる香り。	熟していて甘味を連想させる香り。 イタリア：花の香り、アカシアのハチミツなども。	熟した洋梨、アプリコット、ハチミツ、蜜蝋（みつろう）など。湿った藁（わら）。
味わい	品種の特徴として粘性があるため、冷涼な気候においても厚みを感じる。	滑らかで厚みがある。余韻に残る酸味は少ない。	滑らかで厚みのあるアタック。黄色い果実の熟した味わい、シロップ漬けやハチミツも。余韻がとても長い。 * V.T. でも完全な甘口のタイプだけではなく、あと味はドライな印象を与えるものもある。

Point：アルザス品種の中では香りが一番控えめであるかもしれない。
味わいの中でもアルコールのボリューム感はアルザス品種としてゲヴュルツトラミネルと同じ位しっかりと感じられる。

見分け方：アリゴテやシュナン・ブランに比べて、酸が少し控えめであることが多い。

	樽による特徴	熟成による特徴
	アルザスではあまりこの品種に樽の特徴を加えることは少ない。	他の品種と同様に落ち着いた外観へ。黄金色など黄色の色調は長く残る。
	フランス：やや辛口とほぼ同じ。 イタリア：少し樽の香りが目立ち、ロースト香に加えてコーヒー（カフェ）やモカなどの香りも存在する。	アルザス：黄色い果実や花の香りが強調され、香り全体に持続性が出てくる。
	イタリア：熟成により少し乾いたニュアンスが余韻に現れる。全体的に丸みを帯びる。	アルザス：熟成によってもあと味の粘性がしっかりと残ることが多い。

* 甘口は V.T. / S.G.N. を参照
（→ P.149）

アルザス ボクスレ
Albert Boxler
Alsace France 13.5%

　輝きのある澄んだレモンイエロー。ディスクに厚みも感じられる。
　香りにはキンモクセイやゼラニウム、エニシダなどの黄色い花の香りに加えて、マルメロや黄色いリンゴなどの熟した香りもある。
　味わいは滑らかで、香り同様、黄色いリンゴの持つ心地よい酸や甘味が感じられ、他の生産者のものに比べて重すぎない酒質のピノ・グリ。

アルザス ウンブレヒト
Herrenweg de Turckheim Zind Humbrecht
Alsace France 14.5%

　やや落ち着いた印象の黄金色がかったイエロー。ディスクは厚く、全体的に深みのあるニュアンス。
　リンゴやアンズなどの黄色い果実のコンポートの香りが中心にあり、加えて少し焦がしたニュアンス、少し個性的なバーボンのような香りも。
　アタックは滑らかで、口のなかにすぐに充分な粘性が感じられ、香り同様、少し焦がしたニュアンスが味わいの中心に存在する。アルコール度数も高く、大柄な酒質の、重く、余韻の長い構成。

アルザス ポールブランク ヴァンダンジュ・タルディヴ
Vendanges Tardives Altenbourg Paul Blanck
Alsace France

　澄んだやや濃いめのイエロー。ディスクは厚く、充分な粘性も外観から感じられる。
　アプリコット、黄色いリンゴの熟した香りに加えて、酸を連想させるやや若いパイナップルの香りも。
　味わいは滑らかで、豊かな粘性がまず感じられ、酸が穏やかなためにとくに余韻が長く感じられる。やや焦げたニュアンスのおいしい苦みと果実味とのバランスがよく、大柄な酒質の構成。

アルザス ヴァインヴァック
セレクション・グラン・ノーブル
Sélection de Grains Nobles Altenbourg Weinbach
Alsace France 11%

　凝縮感のあるイエロー。輝きと深みが感じられ、粘性も非常に高い。

　熟した黄色い果実の要素に加えて、少し酸化的な湿った藁（わら）やおいしい苦みを思わせる黒糖の香りもかすかに感じられる。

　アタックは滑らかで、口中の粘性が非常に高く、香りにあった熟した黄色い果実の甘味がまず感じられるのだが、時間の経過により豊富な酸がじわじわと口のなかでの支配力を強める。最終的には、甘味を覆う形での酸が印象に残るため、甘すぎる印象を受けることはない。

アルザス クレイデンヴァイス
Moenchberg Marc Kreydenweiss
Alsace France 13.5%

　輝きのある澄んだ色調のイエロー。ディスクは厚く、粘性も感じられる。

　白い果肉の果物、桃や梨の熟した香りとシロップにつけたアプリコットやビワを思わせる香りとが混ざり合う。

　味わいのアタックは滑らかで、香りの印象に加え、日本の"ザボン"のような心地よい柑橘系の酸と苦みとのバランスがよい。

　時間の経過とともに香りや味わいの変化が大きく感じられるものの、大柄で充分な味わいのまとまりが感じられる。

ミュスカ

（Muscat）

産地：フランス南部および世界各地

Point：ミュスカ（Muscat）は、ミュスカブラン（Muscat Blanc）／ミュスカアレクサンドリ（Muscat d'Alexandrie）などの種類をもち、世界中で栽培されているが、ここに掲載しているのはアルザスのミュスカについて。

見分け方：他のアルザス品種に比べるとその名の通り、マスカットのアロマがわかりやすく出る。リースリングやゲヴュツルトラミネルとも異なり、黄色い花と果実の香りがわかりやすい。
ピノ・グリは残念ながらここまでの香りの特徴が出ない。

	辛　口	甘　口
外観	黄色みがかった輝きのある外観。粘性も充分。ディスクも厚い。フランス以外では少し緑色がかったライムイエローの色調のものもある。	他の V.T. / S.G.N. と同様。（→ P.149）黄金色から紫色のニュアンスへ。粘性がたっぷりと感じられ、ディスクも厚い。
香り	典型的なマスカットの香り。黄色の果実の熟した香り。（暑い年には）ドライフルーツのニュアンスも。	香りにはやはりマスカットを思わせるこの品種の特徴が現れる。アプリコットや洋梨のコンポート、白桃、白い花の香り。力強く、香り自体に厚みがある。
味わい	滑らかで穏やかな酸味。ドライなタイプもあるにはあるが、少し滑らかな甘味を思わせる余韻のものが多い。特にフランス以外のミュスカは清涼感を伴った軽い甘味を残す場合が多い。	滑らかでゆったりとした印象。細かい酸が感じられて、あと味にアルコールのボリューム感による"熱"や"厚み"を口の中に残す。
その他	＜熟成による特徴＞ 他のワインと同様。香りがより落ち着いたものになる。	

ポール・ブセール　ミュスカ リゼルバ
Muscat Réserve Personnelle Paul Buecher
12%

　黄金色がかった、しっかりとした深みのある外観。輝きもあり粘性も高い。
　しっかりとした香りのまとまりがあり、ライチや黄色いリンゴ、アプリコットの凝縮した香りがまず立ち上る。白い花や少し菩提樹のような香りも存在し、ゲヴュルツトラミネルと似ている要素が多いことに気づく。
　味わいには細かい酸味が現れ、香りからの予想とは異なりあと味に残る甘味は少ない。ゲヴュルツトラミネルほど、味わいに出るボリューム感は感じられない。

トリンバック　ミュスカ リゼルバ
Muscat Réserve Trimbach
12%

　輝きのあるレモンイエロー、ディスクに少し緑色のニュアンスも出ている。粘性もしっかりしている。
　黄色い花や果実の香りが心地よく表現され、少しミネラル感や、甘味を連想させる香りもある。
　味わいはシンプルで香りで感じた要素の、果実の味わいが穏やかに広がり、あと味には酸味も感じられる。まとまりのある酒質であり、提供温度は少し冷やし気味のほうがより個性が表現される。

ルーサンヌ / マルサンヌ

(Roussanne / Marsanne)

産地：フランス（ローヌ、サヴォワ）、オーストラリア

Point：暖かい気候を好み、やや肉厚のワインを生み出す。

● マルサンヌ
安定した高い収量のため栽培量が多い。

● ルーサンヌ
やや不安定な収量ではあるが、最近人気が高くなってきている。

見分け方：黄色みがかった外観で味わいの酸が控えめ。木樽（大樽）を使用した造り手も多く、少し酸化のニュアンスを感じやすい。粘性があり、少し酸が控えめであれば、この組み合わせを考える。

*キュヴュ：もともとはタンクを意味するキューヴから来ている。この場合は最も良い出来のものを指す。

	（温暖な気候を好む）温　暖	樽による特徴	熟成による特徴
外観	黄色の色調がしっかりと表現される。ディスクは厚く、粘性もしっかり。	大樽や古樽による緩慢な酸化のニュアンスが存在することが多い。新樽の個性を加えるタイプは少ない。優良ドメーヌのトップキュヴュ*に使用されることもある。	茶色がかった色調が現れてくる。
香り	黄色の熟した果実。少しスパイスが出やすい。白コショウや白檀など。	多くの優秀な造り手はこれらの品種を木樽熟成させ、より複雑性を表現する。伝統的に、やや酸化のニュアンスが現れやすい。	スパイシーな要素がやわらぎ、まとまってくる。心地よい白コショウや樹皮の様な香り。
味わい	香りから受けた印象と同様の味わい。酸が控えめである。	（酸味はもともと少ない）滑らかさがよりわかりやすくなり、スパイシーな要素がより強調される。	あと味に少し乾いたニュアンスが出てくる。10年くらい過ぎるとアルコールのボリューム感が落ち着いて、飲みやすくなってくる。（長期熟成も可能）

クローズ・エルミタージュ ミュール ブランシュ　ポール・シャブレ
Crozes-Hermitage Mule Blanche Paul Jaboulet
Côtes du Rhône France

　黄金色がかったやや濃いめのイエロー。粘性も充分。ディスクも厚い。
　黄色い果実の熟したニュアンスと少しドライフルーツの香り。白コショウやヨード、樹脂っぽい特徴も。
　味わいは滑らかで、洋梨やリンゴの少し乾いた味わいに加えて、アルコールのボリューム感もあり、余韻も長い。豊富な粘性が常に口の中で主張する。

サンジョセフ　シャプティエ
Saint-Joseph Des Champ M.Chapoutier
Côtes du Rhône France

　輝きのある黄金色がかったイエロー。酸化の影響を受けているためなのか、かすかにロゼの色調も帯びている。
　白い桃やライチ、洋梨、黄色い花、白コショウに加えて、全体的に酸化的な香りの変化が感じられる。
　アタックははっきりとしており、アルコールのボリューム感はありながらも、リンゴを切って常温に出しておいたような酸化的な味わいが印象的。日本のミカンやザボンの砂糖漬けのような要素とあと味には少し銅っぽい金属的な特徴を残す。

ダーレンベルグ　マネースパイダー ルーサンヌ
d'Arenberg The Money Spider Roussanne
South Australia Australia 14.5%

　輝きのある落ち着いた印象のイエロー。ディスクは厚く、粘性も豊富。
　アプリコットやマルメロ、ビワの香りに加えてオレンジの皮のような特徴、加えて少しヨード香も。香りの要素はわかりやすく立ち上り、持続性も充分。
　かすかに微発泡を思わせるチクチクとしたアタックに始まり、グレープフルーツやオレンジに感じられるおいしい苦みと酸。加えて豊富なアルコール分からくる口中での充分な厚み、そして苦みがあと味にまで長く続く。

タービルク　マルサンヌ
Tahbilk Marsanne
Victoria Australia

　やや濃い色調の輝きのあるイエロー。
　黄色い果実の熟した香りに加えて、杏仁系の香りや少しヨード香。木質の粉っぽい要素や少し金属的な香り、乾燥バジリコの香りも。
　アタックは滑らかで、酸化的なニュアンスがまず感じられ、加えて果実のリンゴを思わせる細かい酸が豊富に感じられる。香りにはさまざまな要素が感じられるものの、大柄すぎない構成の味わいはややシンプルであり、あと味はドライに終わる。

ワインの勉強の進め方 3

　世界中の大まかな国の産地や、品種が理解できるようになってくると、今度はそれぞれの国ごとの細かいポイントを覚えこむ作業になってきます。

　大体この辺で少し疲れが出てくるといいますか、単語の数も多くなってきますし、ボルドーの 61 シャトーは覚えなければならないし！ブルゴーニュのグラン・クリュも頭に入れなければ！ロワールで生産されているワインの種類って何でこんなに多いんだ！と、少し飽きてもくるでしょう。

　そういうときにはあまりあせらず、できるだけ小刻みに進んでいくことが必要になります。

　ボルドーの 61 シャトーを 2 時間！そして、グラン・クリュ・ブルゴーニュを根性で 2 時間 !! 今日はやりぬくぞ !! ということができる体力と時間のある方は、それで問題ないのですが、とりあえず 20 分間集中する。そして、5 分休んで、覚えているかどうか確認をして、自分がどれぐらい覚えていたのか（また結果が芳しくなかったときには）覚えていられなかったのかを確認していきます。

　暗記を進めていくうちに、自分の好きな＝得意な産地や、何回やっても、なぜかここは覚えられない、といった苦手意識が出てくるのは当然なので、それらをうまく組み合わせて自分のテンションと体力とをうまくコントロールしていくことが必要です。

ヴィオニエ

(Viognier)

産地：フランス（ローヌ）、アメリカ、オーストラリア

Point：黄色い果実の香りと味わいがわかりやすく、人気が高い。ローヌ地方のコート・ロティのブレンドとして加えられることもある。（オーストラリアでも混醸に用いられることが多い。）

滑らかではあるが、基本的には辛口に仕上げられる。
V.T.（遅摘み）の甘口のコンドリュー（ローヌ）も最近人気を博している。

見分け方：ゲヴュルツトラミネル、ルーサンヌ、マルサンヌなど同じ"南系"の品種の中では最もアロマティック。

	（温暖な気候を好む） 温　暖	辛　口	甘　口
外観	黄色の濃い色調。ディスクも厚く、粘性も充分。	左記と同様。 （フランス以外は黄色の色素量が多く、ディスクも厚みがよりわかりやすい。）	左記（温暖の特徴）と同様。
香り	黄色い花、アプリコットなどの黄色い果実の香りが強く立ち上る。少しスパイシーな要素も。（白いユリや典型的なライチの香りも）	左記に加えて、白コショウなどスパイスの香りも感じられる。木樽からの香りが加わっているキュヴェもある。	白いユリ、ライチ、アカシアのハチミツ。（白檀も）。 まとまっていて心地よい強さ。
味わい	滑らかで厚みもあり、アルコールのボリューム感も豊富に感じられる。	辛口でありながら粘性が高いため、滑らかで優しい甘味を感じる。余韻も長い。	アルザス品種で造られた甘口よりも、アルコールのボリューム感も控えめで、余韻が少し軽く感じられ好印象。
その他	＜樽による特徴＞ 伝統的には新樽の使用は、基本的には控えめであり、ヴィオニエを覆い隠さない程度に使用されることが多い。 （少数の造り手は新樽を使ってより新しいヴィオニエを表現している。） ＜熟成による特徴＞ 他の白品種と同様。ヴィオニエは酸化の影響を受けやすい品種と言われることも多い。		

コンドリュー　キュイルロン
Condrieu la petite côte Yves Cuilleron
Côtes du Rhône France　13.5%

　澄んだ色調のレモンイエロー。ディスクも厚く、透明感も充分。
　スライスしたリンゴや洋梨のシロップ漬けに少しミントを加えたような清涼感が感じられ、少し燻したような香りの特徴も。まとまっていて落ち着いた印象。
　アタックは滑らかで、香り同様、リンゴや洋梨、アプリコット、さらには黄色いプラムの味わいが混ざる。飲み込んだあとに少し白檀や樹脂を思わせる木質の要素が現れる。粘性は充分にあるものの引き締める酸があるために、余韻は辛口に終わる。

コンドリュー "遅摘みと貴腐のブドウによるキュヴェ"　キュイルロン
Condrieu Ayguets　"Tris de pourriture noble et de grain passerillage" Yves Cuilleron
Côtes du Rhône France　13%

　やや茶色味がかったニュアンスの黄金色。輝きは充分。
　アプリコットやマルメロ、プラムなど黄色い果物のシロップ漬けの香りに加えて、茶色味がかった栗のハチミツの要素も。
　味わいはとても滑らかで、外観や香りから予想されるよりも酸が豊富に表現されている。強すぎない酒質と相まって余韻にボリューム感が出すぎることなく、甘味はあるものの飲みやすい酒質を作り出している。

ヴァンデュペイ・デュ・バール　ヴァン・ド・ヴィエンヌ
Vin de pays du Var Vins de Vienne
Côtes du Rhône France　13%

　淡く黄金色がかったイエロー。ディスクには、とても淡いオレンジ色も現れている。
　熟した桃やアプリコットを思わせる甘い香りは、滑らかな味わいを予想させる。
　香りからの印象と同様に、桃やアプリコットの味わいが滑らかに表現されるが木質のかすかな渋みが味わいを引き締め、大柄すぎず、この地域の豊富な日照量に負けず酸を残し、飲み飽きない味わいを作り出している。

セミヨン
(Sémillon)

産地：フランス（ボルドー）および世界各地

Point：ボルドーの白はソーヴィニヨン・ブランとのブレンドで造られることが多い。辛口に仕上げられることも多いが、やはりボルドーでの貴腐による甘口の品種として名高い。

	（やや温暖な気候を好む） 冷　涼	温　暖	貴腐　甘口
外観	緑色がかったイエロー。ディスクはやや厚め。粘性もある。（グラスを回すとゆったりと流れる。）	黄色の色調が多く、粘性があり、ディスクの厚みも充分。	＜温暖＞の特徴に黄金色が加わり、粘性がより強く感じられる様になる。
香り	青みを残した黄リンゴや柑橘系の香り。緑色のハーブ（エストラゴンやセルフィーユ、コブミカンの葉）。白コショウなどスパイスの特徴も。	熟した黄色の果実。産地によっては少し酸化的なニュアンスも。日照量の多い産地では香りがより力強さを増し、乾いた樹脂系の香りも。（特に南半球）	香り全体に力強さと複雑性が増す。熟した黄色の果実に加えてハチミツ、少しスパイス。特にボルドーの貴腐には木樽のニュアンスが加えられることが多い。
味わい	軽快な酸味を保つ。果実味はわかりやすく表現される。甘味は控えめでスパイスの味わいが余韻に残りやすい。	厚みと粘性に富む。全体の酸は控えめ。味わいにも少し酸化的な特徴がみられることも多い。（特に南半球）	"とろっ"とした粘性が口に含んだ際にまず感じられ、香りにあった要素の味わいが広がる。木樽熟成によってスパイスのニュアンスも加わる。
その他	＜辛口＞ オーストラリアやチリ、アルゼンチンなど日照量が豊富な場所での辛口は厚みがあり滑らか。 ＜樽による特徴＞ ボルドー・グラーヴのペサック、レオニャンなどの産地では、新樽との組み合わせも行われている。その他の国や産地でも新樽使用率は高まっている。		＜熟成による特徴＞ 最高級の貴腐ワインは、瓶詰めされてからほぼ100年に近い寿命を持つと言われる。

クロ・フロリデンヌ
Clos Froridene
Graves Bordeaux France　12.5%　辛口（Sec）

　やや濃い黄金色がかったイエロー。ディスクは厚く、粘性も充分。

　ソーヴィニヨン・ブランの持つ特徴的な香り、浅葱（アサツキ）やネギ、アスパラガス、レモン汁でゆでたアーティチョークの香りがわかりやすく現れ、そのあとに白い果肉の果実のシロップ漬け、時間の経過とともに白檀や少しビニールのような香りも。

　細かい酸がまず感じられ、香りにあった果物の味わいに加えて、乾いたミネラルの要素もある。余韻には少し甘味も感じられ、控えめな苦みとのバランスもよい。わりとゆったりとした印象の酒質。

シャトーデュジュジュ キネット
Château Du Juge Cru Quinette
Cadillac Bordeaux France　甘口（貴腐）

　濃い黄金色がかったイエロー。ディスクは厚く、粘性も充分。

　アプリコットや黄色いリンゴのジャムに似た香りやアカシアのハチミツ、加えて少し木質の香りも。全体的には優しく丸い印象の香りがはっきりと立ち上ってくる。

　アタックは滑らかで香りの印象と同様、甘い味わいが広がり、後半には細かい樹脂っぽい木質の要素が表現され、甘いだけではないほかの要素とのバランスのとれた余韻を作る。

ピーターレーマン バロッサ セミヨン
Barossa Semillon Peter Lehmann
South Australia Australia 12% 辛口(Sec)

　黄色みがはっきりと感じられるイエロー。ディスクは厚く、粘性もはっきりと外観から感じられる。
　白い花の穏やかな香りと洋梨やアプリコット、少し蜜蝋（みつろう）の香りも。香りの持続性も充分に感じられる。
　滑らかなアタックで始まる味わいには香り同様の果実味とグレープフルーツのような苦みも存在しており、日照量の豊富な地域でのワインを表現している。

ロスベリーエステート
Brokenback Semillon Rothbury Estate
New South Wales Australia 10% 辛口(Sec)

　輝きのあるやや濃い色調の黄金色がかったイエロー。
　黄色い花やアプリコット、プラムなど黄色い果物の細かい酸を思わせる香り。後半にはフレッシュハーブやかすかに酸化的なヨードの特徴も。
　アタックは滑らかでしっかりとしたアルコールのボリューム感のためかシンプルでそれぞれの要素が控えめな構成。まだ熟していない緑のニュアンスの果実味を思わせる個性的な味わい。

白ワインと料理との相性について

　"白ワインと料理との相性"を考えた場合には、基本の味わいに加えて「まずワインを何度で飲めばおいしいのか？」ということから考えて、提供するお皿の温度との関係をみます。

　"白身魚のマリネに軽いオリーヴオイル・柑橘系の風味"であった場合にはお皿の温度を考え、冷製の一皿なので、合わせる白ワインも低めの(冷たい)温度で酸味がおいしいタイプの＜サンセールやドイツのリースリングなど＞を選びます"魚の身質がどうだから"というところから入るのではなく、料理のお皿の温度をまず考え→低めの温度で酸味が現れ、柑橘系の香りと味わいのものがおいしいはず、という考え方です。

　また"地鶏のローストにきのこのソテー"で白ワインといった場合には、温かい温度の（熱々の）料理なので、高めの温度でおいしいタイプ→滑らかで酸味が控えめなできれば少し木樽熟成によるボリューム感と余韻の長さがあればおいしくなる＜ムルソーやエルミタージュ、チリやオーストラリアのシャルドネ＞という考え方です。

　もちろん香りや味わいも考慮に入れた上ではあるのですが、料理自体の大まかな温度から探っていくこの方法は、国や産地の異なる料理とワインとを結びつける場合の考え方→例えばアラブ系の料理にイタリアワインを合わせるとか、てんぷらや寿司に合わせてゲストからカリフォルニアワインを飲みたいと希望があった場合などのひとつの考え方の基本（根拠）になると思います。

甲州タイプ

産地：山梨

樽やマロラクティック発酵、香りを重視した酵母の選択など、多くの可能性を試されている品種である。

Point：（よく言うと）繊細なためなのか、場所や造り方、造られるワインのタイプによって大きく対応してしまい、これが甲州のもっとも典型的という特徴を絞り込みにくい。

見分け方：甲州種独自の個性としては探しにくいため、他の品種と比較しての考え方になってしまう。

例えば、

● すっきりとしていながらあと味に粘性が出る
　→ソーヴィニヨン・ブランではない？

● 樽でマロラクティックでありながら、香りがとても控えめ
　→シャルドネではない？

といったように他品種の個性ではないところが逆に甲州としての個性である場合が多い。

	辛　口	甘　口
外観	透明感、輝きがある。粘性も充分。 緑色がかる	黄色のニュアンスが増える ここ何年かで色調の濃いタイプも増えてきている。
香り	柑橘系のニュアンスが出やすい。自然を意識した造り手のものでは香りも強く、個性的なタイプも多くなってきている。	白桃、マスカット、国産の干しブドウっぽい。甘味を思わせる香り。
味わい	柑橘系で酸味もあと味に残る、少しフラットに感じられるタイプも。余韻に粘性が残る。	白桃や熟した黄色いリンゴの味わい。干しブドウの様な甘味もある。小豆を用いた"こしあん"の様な日本的（？）な甘味が余韻に残る。
熟成による特徴	色調に茶色みが出やすく、酸が落ち着き、穏やかな味わいへと進む。	味わいの甘味が落ち着きをみせ、飲みやすくなる場合が多い。

甲州タイプ 1
—すっきりとした柑橘系のタイプ—
12%

　透明に近い澄んだ淡い色調のイエロー。
　柑橘系の控えめな香りと黄色い花の要素。石灰やミネラルを思わせる（さっぱりとした）要素が控えめに立ち上る。
　味わいには滑らかさが感じられ、酸が控えめで少し貝殻のようなヨードの特徴も。あと味には心地よい軽い苦みが現れる。外観や香りからの第一印象（もっとさらっとしているのかと予想するのだが）に比べると口に含んだ際の滑らかさ、粘性の豊富さを感じる。

甲州タイプ 2
—少し丸やかさの出ているタイプ—
12%

　落ち着いたニュアンスの黄金色がかったイエロー。清澄度合いも良好。
　白い花や桃、リンゴなどの果実の香りは素直に控えめに立ち上る。
　味わいには粘性が豊富に感じられ、香り同様の果実味があり、強すぎない日本の梨の芯の部分を噛んでしまったときの様な渋みがあと味に広がる。味わいには銅に似た金属的なニュアンスも現れる。

＊以前は控えめな酒質とされていた甲州種だが、ここ数年来、土地の個性を前面に打ち出したような"新しい可能性"による、個性的なタイプが試され、そして認められてきており、甲州種から造られるワインのバリエーションは増えてきている。

ミュスカデ

(Muscadet)

産地：フランス（ロワール）

シュール・リーという伝統的な造り方をするため（→ P.81）、温暖な気候はやや不向き。

Point：他の白品種に比べて香りの要素が少ない。最近のミュスカデはシュール・リーの方法による酵母からの還元香と呼ばれるイースト香やトーストの要素が多くは現れない。フレッシュな酸があり、ハーブの要素が最近のミュスカデの主流。あと味に少しの塩味、少し乾き気味のミネラル感が出る。

見分け方：アリゴテに比べるとあと味の酸は控えめ。ソーヴィニヨン・ブランに比べると味わいが滑らかで少し厚みも感じられる。シュナン・ブランであれば、アプリコットやカリンなどの果実のニュアンスがある。

	（温暖な気候はやや不向き／基本的には辛口に仕上がる） 冷　涼・辛　口
外観	緑がかったライムイエロー。ディスクは厚く、粘性も充分。
香り	控えめでまとまっている。果実や少しのハーブ。ミネラル、石灰系など。クラシックなタイプではイーストやトーストの香りのあるものも。 あまり特徴的な香りが多く存在する品種ではない。
味わい	滑らかで酸は控えめ。粘性も感じられる。味わいのアタックに少し塩っぽさもある。酸味のあるタイプも存在し、長期熟成の可能性も備える。余韻も長く、厚みやアルコールのボリューム感も意外にある。
その他	<樽による特徴> 澱（おり）と接触したまま冬を越すシュール・リーという造り方。容器としての樽の役割は大きい。（基本的には、新樽は無い。） <熟成による特徴> ミュスカデは意外に熟成に耐える。酸が豊富なため長期の瓶熟においても若々しさを保つ。 <シュール・リー> 　フランスのロワール地方は秋〜冬にかけて温度が低くなるので、それをうまく利用した造り方であり、酸味が保たれフレッシュな飲み心地を瓶詰めの翌春までキープできる。 　他の地方（例えばブルゴーニュ）でも澱と接触させたまま、瓶詰めまで置いておく方法もあるが一般的にシュール・リーという方法がラベルに明記されているのはロワール地方のミュスカデに多い。

ミュスカデ ペピエール
Muscadet Sèvre et Maine Sur Lie Pepiere
Loire France　12%

　やや緑色を帯びた淡いレモンイエローの色調。きらきらと輝きも充分。
　フレッシュハーブや青リンゴなどの酸を思わせる香り(酸味を予想させる)がまとまって立ち上ってくる。香りの持続力はあるものの強さは控えめ。
　味わいにはまず細かい酸が感じられ、グレープフルーツなど柑橘系の味わいと石灰やミネラル、イースト、かすかに酵母臭も。あと味は乾いた印象を残す。

ミュスカデ バユオー
Muscadet Sèvre et Maine Sur Lie Master de Donatien
Loire France　12%

　緑色がかった淡いレモンイエロー。輝きは充分。
　香りの印象は控えめで、石灰やミネラル、フレッシュハーブ、個性的な薄く削いだメロンの皮のようなニュアンスも。
　心地よい酸が味わいに広がり、香り同様、ハーブやライム、青リンゴのような特徴があるものの、あまりキリキリした酸味ではなく、バランスのとれたやや肉厚の印象を受ける。余韻も長め。

アリゴテ

(Aligoté)

産地：フランス（ブルゴーニュ）
東欧諸国ではかなりの面積を誇る

Point：グレープフルーツの皮の内側の白い部分を噛んだような強すぎない苦み。

見分け方：他の品種に比べて香りの要素があまり多くは存在しない。
同じ色調であれば、例えば、リースリングならテルペン香があり、シュナン・ブランならアプリコットの香りや味わいに甘味と酸がある。ミュスカデよりはアリゴテのほうに酸があるはず。

	（やや温暖な気候を好む） 温　暖
外観	黄色い色調のレモンイエロー。粘性もありディスクも厚い。
香り	グレープフルーツなどの黄色の柑橘系のニュアンス。それほど多くの香りが華やかには現れない。 単独で A.O.C. を持つブルゴーニュ・コート・シャロネーズのブーズロンでは黄色い花が柑橘系の香りに加えて、白コショウなどの控えめなスパイス香も現れる。
味わい	（グレープフルーツの白い皮の部分を噛んだような）やや苦みを感じるアタック。酸の現れ方は造り手にもよるが、味わいのアタックというよりもあと味や余韻にじっくりと広がって感じられる。
その他	＜辛口／甘口＞ 基本的には辛口に仕上がる。 ＜樽による特徴＞ あまり樽の要素を強く付けることはない。 ＜熟成による特徴＞ 長期熟成に耐え、落ち着きとバランスを備えるワインもある。

アリゴテ ラリュー

Aligoté Larue
Bourgogne France 12.5%

　黄色の色調が多く表現されている澄んだ外観のイエロー。粘性が感じられ、ディスクも厚め。

　リンゴや洋梨など黄色い果実の香りに加えて、グレープフルーツの皮を思わせるすっぱい香り（酸味を予想させる）、さらに樽からのニュアンスも加わる。

　アタックは肉厚でグレープフルーツの持つ酸味が口の中で少しずつ支配的に増えてくるので最終的には強く感じられ、全体的には滑らかなやや大柄の酒質。膨らみがあるタイプだが、余韻は酸が引き締めてドライに終わる。

アリゴテ ヴィレーヌ

Aligoté Bouzeron A. et P. de Villaine
Côte Chalonnaise Bourgogne France 12.5%

　落ち着きの感じられるイエロー。ディスクは厚く、粘性も充分に感じられる。

　黄色い花や黄リンゴ、黄色いプラムの香りがやや控えめに立ち上り、味わいの酸味を予想させる。

　香りからの印象と同様に、酸が豊富で、特に柑橘系の酸が長く余韻にまで至る。グレープフルーツの皮の部分を思わせるおいしい苦みも常に口中に存在し続ける。

トカイ

(Tokaji)

産地:ハンガリー
(基本的には冷涼)

ブドウ品種:フルミント(Frumint)、
ハルスレヴリュ(Hárslevelü)

Point:ドライ、アプリコット、カリン
のゼリーの様なオレンジ色の貴腐の香り。
(辛口も造られてはいる)

見分け方:
- フルミント、ハルスレヴリュを用いたワイン
  特に貴腐の場合は甘さも増すが酸もしっかりと表現される。

- 他の甘口ワイン
  特にアルザスのV.T. / S.G.N.やその他の地方(例えばボルドーのソーテルヌ)の貴腐ワインに比べるとアルコール度数が少なく酸があり飲みやすい。

その他(トカイワインの主な品質区分):
- サモロドニ
  ブドウの選別・発酵とも自然のままに造られるため、ブドウの状態により辛口、甘口のどちらにも仕上がる。

- アスー
  貴腐ブドウをプットニュと呼ばれる桶で何杯分加えたかをプットニョシュという数字で表す甘口の貴腐ワイン。数字の増加に伴い、香りや味わいは変化していく。

	辛 口 (基本的には冷涼)	甘 口
外観	少し緑色がかったニュアンス。輝きもあり粘性も充分。造り手によってかなりの外観の違いが生じるので注意が必要。	V.T.やS.G.N.と同じ。(→ P.149) 黄色みがかった外観。粘性は強く、ディスクも厚い。
香り	ハーブ、フィーヌゼルブなど、緑色のニュアンス。青いミカンなど酸を思わせる柑橘系の要素がわかりやすい。	黄色やオレンジの果実のコンポートや乾燥イチジクなど。ハチミツ、蜜蝋(みつろう)。造り手によって熟成感の目立つタイプもある。
味わい	アタックは滑らかで香りから予想されるほど酸味は強くない。滑らか、余韻はやや長め。少しスパイシーであったり、樹脂っぽい軽い苦みがあるものも。	滑らかでありながら細かい酸味を失わない。プットの数が増えていくにつれて甘味のボリューム感が増してくる。余韻もそれにつれて長くなる。
その他	<樽による特徴> 基本的には新樽は用いない。 100%貴腐で造られたタイプは、小樽の中で緩慢な酸化の影響を受けて育つ。 <熟成による特徴> 長期熟成が可能。熟成により香りと味わいのバランスが良くなる。	

スイート サモロドニ
Tokaji Szamorodni Edes SWEET

　輝きのある澄んだ色調のイエロー、粘性はかなり高く感じられる。

　焼きリンゴやバター・トースト、少し酵母の香り、焦がしバター、炒ったアーモンドなど複雑性がある。

　充分な滑らかさが感じられる甘いアタック、細かい酸味がその後から少しずつ広がり最後には口中を支配してくる。シナモンをかけて焼いた焼きりんごのような味わいが特徴的であり、甘味はあるものの豊富な酸味がそれをおさえるため、あと味は意外に辛口の印象を残す。

アスー　3プット
Tokaji Aszú 3Puttonyos

　少し茶色のニュアンスの感じられる透明感のある黄金色。

　溶かしバターや黄色い果実の心地よい熟した甘い香り、控えめな木樽や樹皮のニュアンスなどが感じられる。

　熟したリンゴの薄切りを口に含んだような、細かい酸味と甘味とのバランスが取れている味わい。あと味には細かい酸味が現れ、最初に感じた甘味を酸味中心の余韻に変えていく。甘いというよりは果実の持つ心地よい酸味が印象的。

アスー　5プット
Tokaji Aszú 5Puttonyos

　オレンジ色がかった琥珀（こはく）色、中心部には茶色のニュアンスも。

　イチジクやビワのコンポート、続いて少しヨードや炒ったコーヒー豆、カラメルの要素などがゆっくりと広がってくる。

　アタックは滑らかで、アカシアのハチミツをなめたあと味のような甘味もあり、さらに細かい酸味が広がる。木質の樹皮っぽい細かい渋みが味わいの余韻を構成し、アーモンド、カカオの粉末、シナモンなどの乾いた味わいの印象を残す。

シェリー

(Sherry)

産地:スペイン南部(アンダルシア地方)

ブドウ品種:パロミノ(Palomino)辛口、ペドロ・ヒメネス(Pedro Ximénez)甘口、モスカテル(Moscatel)甘口

Point:産膜酵母(液面に白く膜がはるような酵母)から生み出される独特の香り。色や味わいにはかなりのバリエーションがあるので注意。

主な分類と見分け方:
- フィノ(Fino)
  パロミノから造られドライな味わい。

- マンサニーリャ(Manzanilla)
  やや軽く塩味を帯びた味わい。

- アモンティヤード(Amontillado)
  琥珀(こはく)色に近い茶色のニュアンス。ローストナッツの香りが特徴的。

- オロロソ(Oloroso)
  産膜酵母(フロール)がうまく働けなかったため、アルコールを強化してある。色も濃いものが多い。

	辛口	甘口
外観	透明感のあるグリーンがかったタイプから麦わら色のものまで幅広い。造り手によってかなりの違いが同じフィノやマンサニーリャの中でも見られる。 色合い、色調が淡い→軽めのタイプ	基本的に色はやや濃く、黄金色、琥珀(こはく)色、黒みが主体の深い色調を持つものまで様々。 しっかりした茶色がかったニュアンス→より香りや味わいに複雑性と濃縮感が出る。
香り	麦わら、イーストなどの特徴的なニュアンス。 黄色の果実、ミネラル石灰。少しヨード、ローストアーモンド、トースト。	熟した果実、ドライフルーツなどの酸化的なニュアンスに加えて、キャラメル、ハチミツなどの特徴も。ローストアーモンド、モカ、ビターチョコレート。
味わい	軽いミネラル感があるタイプから辛口でありながら熟成感もある複雑なものまで様々なタイプが存在する。	プラムのコンポートの様な紫色の甘味からカラメルの様な甘味と苦みを備えたものまで様々。(バルサミコ酢の様な、酸味も甘味もあるタイプも。) ペドロ・ヒメネスから造られる甘口は黒糖の様な凝縮感のある甘味を感じさせる程。

ティオペペ フィノ
Tio Pepe Fino Muy Seco Gonzalez Byass

　輝きのあるやや緑色がかったレモンイエロー、透明感、粘性ともに充分。
　フィーヌ・ゼルブ（セルフィーユやエストラゴンなどの様々なハーブ）、レモンやグレープフルーツなどの黄色い果実の柑橘系の香り、加えてミネラルや石灰などの乾いたニュアンスの香りも。
　口に含むと乾いたアタックで始まり、香りにあった印象と同じグレープフルーツの味わいがあり、あと味には少しの塩味や細かい酸味の残るニュアンスが続く。皮ごとの黄色いリンゴをかじったときのような酸味とあと味の少しの"しょっぱさ"が特徴的。（塩味というよりも夏の海辺・砂浜を歩いているときに感じる様なニュアンス。）

ソレラ スイート・クリーム
ー熟成感の現れているヴィンテージー

Solera Sweet Cream　18%

　輝きのある明るい琥珀色、透明感もあり茶色みを帯びた熟成感のニュアンスが外観全体に出ている。
　ドライプルーンや乾燥イチジクなどの果実の香りがまず感じられ、続いて黒糖、カラメルなどの甘い香りがしっかりと立ち上り、ローストしたアーモンドのような香ばしさもある。
　アタックは滑らかで、こくやまろやかさも備えたカカオやビターチョコレートのような"大人の甘苦み（あまにがみ）"が口中に広がり長く続く。あと味は長く舌に絡むような余韻が感じられる。

オロロソ
Oloroso Seco Palomino　18%

　茶色みを帯びた濃い色調の琥珀(こはく)色、酸化の影響を受けているニュアンスがわかりやすく現れている。
　ドライフルーツの香りや樹皮、干しブドウのような少しねっとりとした香り、カカオやローストしたナッツ、チョコレートなどの細かい粉っぽさ(少し埃っぽいニュアンス)も香りに感じられる。
　粘性が高いのだが、はっきりとした辛口が口中をゆっくりと支配していく。シナモンをまぶした焼きリンゴ、丁子(クローヴ)、葉巻の箱のような木質の香りが飲み込んだ後に口の中に広がってくる。余韻ははっきりとした辛口であり、あまり甘味を残さない。

エルロシオ　マンサニーリャ
El Rocio Manzanilla Sanlúcar de Barrameda

　輝きのある黄色の色調、透明感もあり粘性もしっかりとしている。
　常温の(冷やしていない温度の、という意味)グレープフルーツの香りと少し松脂(まつやに)のニュアンスもある。ミネラル、石灰を思わせる香りに加えてヨードや樹皮などの少し複雑性のある香りも。
　乾いた辛口でありミネラル感や少しの塩味、さらに少し海草、潮風を思わせるヨードのニュアンスもある。乾いたすっきりとしたアタック。柑橘系の味わいに、乾いたミネラル感と塩味が現れてくる。

デルデューク アモンティヤード
Del Duque Amontillado Muy Viejo

　茶色がかった琥珀(こはく)色のニュアンス。ディスクの縁(ふち)にはオレンジ色も現れている。

　少し焦がしたようなカラメル、アーモンド、粉っぽいシナモンの香り、干しブドウのねっとりとした甘味を連想させる香りも。

　細かい渋みが感じられるアタックに始まり、滑らかさが味わいの中心に広がる。焦がしバターや炒ったアーモンドのような滑らかさと少しの心地よい苦みとが交じり合った味わいが余韻に長く残る。味わいのもう一方の特徴としてオレンジの皮のコンフィチュールや乾燥イチジクなどのねっとりとした要素も。

マツサレム オロロソ
Matusalem Oloroso Dulce Muy Viejo　20.5%

　オレンジ色がかった琥珀色の外観、少しヨードっぽいニュアンスも。

　黒いゴムやビターチョコレートの香り、苦みを想像させる香りの要素が現れている。甘苦系のスパイス(甘草やシナモン、丁子)なども複雑な香りを形作っている。

　アタックは滑らかで、まず感じられるのがカラメル的なおいしい苦みを伴った味わい。続いてバランスが良くビターチョコレートのあと味を思わせるドライな余韻で終わる。

スペイン
(Spain)

アルバリーニョ（Albariño）

スペインの北西部のガリシア地方の海岸のD.O.リアスバイシャスでの使用品種。

特徴：黄色みを帯びたレモンイエローの外観。黄色い熟した果実の特徴を備える。南フランス・ローヌ地方のヴィオニエにも似たニュアンスがあり、酸はやや控えめで粘性があり、滑らか。若いうちから楽しめる。

ベルデホ（Verdejo）

スペインの中央部分カスティージャ・レオン州ルエダにおいて高品質の白ワインを作り出す品種。

特徴：軽いタイプは輝きのあるライムイエローの外観。香りに白い花や少しミネラルの特徴が出ている。味わいもフレッシュでありながら、あと味に滑らかさも残す。しっかりとしたタイプはイエローのニュアンスが現れ、粘性も豊富。香りに少し酸化的なニュアンスを持つものもある。味わいも滑らかで、酸味が穏やか。

アルバリーニョ　パソ・デ・バランテス
Albariño Pazo de Barrantes

Rias Baixas　Galicia　Spain　12%

　レモン色がかった透明感のある淡いイエロー。ディスクも厚く、粘性も充分。

　黄色い果実、洋梨、アプリコット、プラムなどをスライスしてシロップに漬けこんだようなやや甘い香りが全体的にわかりやすく立ち上る。加えて少し乾いた藁（わら）のようなニュアンスも。

　味わいは香りの印象と同様にわかりやすく、甘味が広がり、中盤から少し塩味と細かい酸が広がってくる。余韻はやや長く、乾いた印象で終わる。

アルバリーニョ　パソ・デ・セニョランス
Albariño Pazo de señorans

Rias Baixas　Galicia　Spain　12%

　やや緑色がかったレモンイエロー。輝きのある若々しい外観。

　黄色い果実のアプリコット、洋梨などのドライフルーツの香りとかすかにヨード香が感じられる。全体としては控えめな香りの印象。

　アタックは滑らかで、ビワやアプリコットなどの黄色い果実の柔らかい味わい。細かい酸があと味に多く感じられ、そのために引き締まった印象を受ける。細かい渋みも温度の上がった後半に現れてくる。

ベルデホ　リスカル
Verdejo Limousin Marqués de Riscal

Rueda　Castilla y León　Spain

　やや濃い色調の黄金色がかったイエロー。輝きは充分。粘性も感じられる。

　熟した黄色いリンゴや洋梨、やや酸化的なニュアンスのヨードの香りも。加えて樽からの風味が全体的な個性を与えている。

　口に含むと、熟したリンゴや黄桃の甘すぎない滑らかさが感じられ、細かい酸が豊富なために心地よいあと味を与える。全体的に豊かなボリュームが感じられる味わいの構成。あと味は樽からの渋みも感じられる。

イタリア

(Italy)

ガルガーネガ (Garganega)

特徴：柑橘系の香りと酸味を持つ品種。黄色い果実の特徴があり生産年によっては少しドライフルーツ的なニュアンスも。細かい酸味はあと味に残るが、酸の印象は強すぎないことが多い。

コルテーゼ (Cortese)

特徴：外観は黄色みが出やすい。香りの要素はそんなに多くはなく、味わいにはミネラル、塩味が出やすい品種。
イタリアの白品種の中では酸が味わいに感じやすい。

アルネイス (Arneis)

特徴：白い花の香り、ゼラニウム、アーモンドの粉（アーモンド・プードル）のような少し個性的な香り。
酸は目立ちすぎず、粘性の感じられる滑らかさが特徴的な品種。

* アミノカルボニック：アミノ酸が時間の経過や温度の変化によって少し焦げた様なニュアンスを帯びること。

ガルガーネガ ソアーヴェ ヴォッラ
Soave Classico Tufaie Bolla
Venrto Italy 13%

　個性的な外観を持つ茶色がかったイエロー。透明感が感じられる。
　アプリコットや黄色い桃などのドライフルーツの香り。加えて少し時間のたった醤油のようなアミノカルボニック*の特徴も。木質の香りも感じられる。
　アタックは滑らかで、香り同様、乾いた果実の細かい酸が表現されており、酸化的なニュアンスも口中に長く残る。外観から受ける酸化の手がかりとなる茶色の色調がそのまま香りと味わいに大きく影響している。

コルテーゼ ガヴィ ヴァーヴァ
Gavi di Gavi Cor de chasse Bava
Piemonte Italy 12.5%

　澄んだ色調のレモンイエロー。ディスクには緑色のニュアンスも。
　白い花や白い果肉の果実の持つ若々しい香りがシンプルで、わかりやすく立ち上る。
　黄色いリンゴやグレープフルーツなどの柑橘系の酸が口中に広がり、細かい酸があと味をまとめる。温度が上がると少し塩味っぽいニュアンスも加わってくる。（この少し塩っぽいニュアンスが、ガヴィの持つ個性であると言われている。）

アルネイス プルノット
Roero Arneis Prunotto
Piemonte Italy 12.5%

　レモン色がかったイエロー。輝き、透明感ともに充分。
　白い花や白い果実の少し控えめな香りに加えて、仏語のテイスティング用語ではプーシエール（Poussiere: ほこり）と呼ばれる少し乾いたニュアンスも感じられる。（ほこりというのは悪い表現ではない。）
　アタックははっきりとしており、エストラゴンやセルフィーユなどフレッシュハーブの持つ細かい酸が口中を支配する。ミネラルや石灰のニュアンスもあり、ドライな味わいの余韻には粘性からくるほのかな甘味も感じられる。

【本章の読み方 —赤ワイン—】

<ブドウ品種の説明>
・産地
・ポイント
・見分け方
・その他

ピノ・ノワール
(Pinot Noir)

産地：フランス（ブルゴーニュ）および世界各地

世界各国に広く栽培されている。冷涼・温暖といった気象条件による違いはもちろん、伝統国と新しい国等、造り手などによって様々なピノ・ノワールが造られている。

Point：他の品種からのワインに比べると色素量が控えめ。

見分け方：
ガメイであれば、香りや味わいにもっと甘味がわかりやすく現れる。

<上級>
ドイツ系、ブルゴーニュ系というクローンの違いも考慮に入れる。

という大まかな分け方もあるが、産地の日照量や造り手によっても差が大きい。

	冷涼	温暖	樽による特徴	熟成による特徴
外観	淡い赤みがかったルビー、ガーネットの外観。最近では色調に濃縮感のあるタイプもある。若いうちは、赤みがかっているもの、紫色がかっているものと大きく2つに分けられる。	あまり暑い気候を好まないが日照量の豊富な場所とではより色調が濃く果みも増す。		少し酸化のニュアンスが伝えられるため、全体の色調に落ち着きが出てくる。	他品種と同様に輝きが少なくなり落ち着いた外観へ。茶色や赤みがかった色調へと進んでいく。
香り	赤みを帯びた外観の場合：フランボワーズ（ キイチゴ）、イチゴ、サクランボ、赤いプラム 紫色を帯びた外観の場合：スミレ、オリーヴ、ブルーベリー（ミルティーユ）	カリフォルニアなどの暖かい産地では、（ピノ・ノワールのクローンの種類によるところも大きいが）、果実の熟した香り、甘味などが感じられる。	ローストされた黒いゴムなどのニュアンスが加えられる。フランス以外では若いうちは樽のニュアンスが支配的に感じられるタイプも存在する。	紅茶、なめし皮、湿った樹皮、黒土、スーボワ、シャンピニオン、さらに腐葉土、トリュフと続くもの。熟成により香りの複雑性と持続性が増す。
味わい	外観や香りから受ける印象と同様に、赤い果実：イチゴ、サクランボ、アセロラ 紫色の果実：ブルーベリー、プラム、黒オリーヴ	果実のニュアンスは同じながら、より熟したニュアンス、特に甘味がわかりやすくなり酸が控えめになる。ニューワールド＊では新樽からくる甘旨みやロースト味わいなどが加えられることもある。	樽からのニュアンスをはっきりと出すタイプ、あと味のローストのニュアンス。	熟成によって若いうちに感じられた酸味が穏やかになる。バランスがとれてくる。

＊ニューワールド：
アメリカ（カリフォルニア）、オーストラリア、ニュージーランド、チリ、アルゼンチンなどをまとめての大きなくくり。公式な呼びではない。

<ワインに現れる特徴>
赤ワインについては以下の切り口で、外観、香り、味わいの特徴をまとめています。
・冷涼／温暖（産地）
・樽による特徴
・熟成による特徴

<ワインのコメント例>
- 銘柄名(タイトル中の長体文字は造り手を表す→例:下図の ◯ 部分)
- 産地
- アルコール度数
- コメント(外観/香り/味わい/その他)

ガメイ
(Gamay Noir à Jus Blanc)

産地:フランス(ボージョレ、ロワール)、アメリカ、南アフリカ

Point:一般的にはマセラシオン・カルボニック(炭酸ガス浸漬法→P80)によるバナナに似た香り(酢酸イソアミル)を探す。ピノ・ノワールよりもあとから甘味が出やすい。クラシックな造りのガメイにはバナナの香りは少なく、どちらかと言えばピノ・ノワールに似る。

見分け方:この色調なら(ロワール地方の)カベルネ・フランであればもっとピーマンや杉の葉の特徴が出てくる。

	冷涼 ·········→ 温暖 (やや温暖な気候を好む)
外観	紫色が中心で色素量は多。ディスクに明るい紫色が出やすい。やや温暖な気候を好む。クラシックな造りによるところでは淡い色調のものも。
香り	外観から受ける印象は紫色のニュアンス。 花:スミレ、紫色の花 果実:ブルーベリー(ミルティーユ)、黒紫のオリーブの実、甘草。少し清涼感も伴う。 マセラシオン・カルボニックによるバナナに似た香り。この香りが感じられて味わいに甘味があればガメイと判断しやすい。自然派の造りも多く、その場合はピノ・ノワールとの香りの差は得にくい場合もある。
味わい	全体として酸のレベルはあまり高くなく、味わいの濃縮度も中程度、余韻に少し甘味が感じられる。 マセラシオン・カルボニックにより、若いうちから飲むことのできるフレッシュで渋みの少ない酒質を造り出す。木樽の要素は少ない。梅、赤いプラム、シソがありながらも少し甘味がある点がサンジョヴェーゼとの違い。
その他	<樽による特徴> 樽(特に新樽)の要素は少ない。 <熟成による特徴> 他の赤品種と同様にこなれてくる。熟成によって、ピノ・ノワールに段々と近づいていくものもある。

「冷涼を好む」「樽の使用はない」など該当する切り口がない場合や、樽や熟成などによる特徴が「一般的な特徴と同じ」場合は、「その他」の欄を設けて、まとめて記述しています。
冷涼と温暖で目立った違いがない場合は、冷涼・温暖の中央に記述しています。

ボージョレー A(デュブッフ)
Beaujolais Georges Duboeuf
Beaujolais Bourgogne France 12.5%

明るいルビー色の若々しい外観、ディスクに紫色の要素が多く表現されている。
紫色の花の香りやプラムなどの強すぎないジャミー感を伴った甘い香りがわかりやすく広がる。
味わいのアタックは滑らかで香りからの印象がそのまま味わいにも表現されており、少し粉っぽい舌触りを残す。軽快な酸がこのワインの味わいの中心にある。

モルゴン デュブッフ
Morgon Georges Duboeuf
Beaujolais Bourgogne France 12.5%

明るい色調の紫がかったルビー。輝きも充分。
赤い果実のフルーツバスケットのようなわかりやすい香りに加えて、少し黒いゴムのような、甘草の香りも。
甘味を伴った穏やかなアタック。徐々に細かい渋みが口の中を支配してくる。外観からの予想とは異なり、噛みごたえのある、飲み応え味わい。軽くフルーティーなボージョレーではない。

パストゥーグラン・ルイ・ジャド
Passetoutgrains Louis Jadot
Bourgogne France 12.5%

澄んだ色調の明るいルビー。輝きも充分。
日なたの赤い花の香りと赤いベリーのやさしっかりとした特徴が現れている。
粘性の感じられる、やや肉厚な酒質で、ほおづきやドライトマト、少し"ウコン"のような粉っぽい(乾いた)味わいを残す。

"パストゥーグラン"ピノ・ノワール1/3以上、ガメイ2/3までという条件のもとに2種をブレンドして造られたブルゴーニュのワイン。

ピノ・ノワール
(Pinot Noir)

産地：フランス（ブルゴーニュ）および世界各地

世界各国に広く栽培されている。冷涼・温暖といった気象条件による違いはもちろん、伝統国と新しい国々、造り手などによって様々なピノ・ノワールが造られている。

Point：他の品種からのワインに比べると色素量が控えめ。

	冷　涼	温　暖
外観	淡い赤みがかったルビー、ガーネットの外観。最近では色調に濃縮感のあるタイプもある。 若いうちは、赤みがかっているもの、紫色がかっているものと大きく2つに分けられる。	あまり暑い気候を好まないが日照量の豊富な場所ではより色調が濃く黒みも増す。
香り	赤みを帯びた外観の場合： フランボワーズ（木イチゴ）、イチゴ、サクランボ、赤いプラム 紫色を帯びた外観の場合： スミレ、オリーヴ、ブルーベリー（ミルティーユ）	カリフォルニアなどの暖かい産地では、（ピノ・ノワールのクローンの種類によるところも大きいが）、果実のより熟した香り・甘味などが感じられる。
味わい	外観や香りから受ける印象と同様に、 赤い果実： イチゴ、サクランボ、アセロラ 紫色の果実： ブルーベリー、プラム、黒オリーヴ	果実のニュアンスは同じながら、より熟したニュアンス、特に甘味がわかりやすくなり酸が控えめになる。ニューワールド*では新樽からくる甘苦みやロースト的な味わいなどが加えられることもある。

見分け方：
ガメイであれば、香りや味わいにもっと甘味がわかりやすく現れる。

<上級>
ドイツ系、ブルゴーニュ系というクローンの違いも考慮に入れる。

ニュージーランド　　　　　酸、軽快
フランス
イタリア
カリフォルニア、オレゴン
オーストラリア　　　　厚み、しっかりとした

という大まかな分け方もあるが、産地の日照量や造り手によっても差が大きい。

樽による特徴	熟成による特徴
少し酸化のニュアンスが伝えられるため、全体の色調に落ち着きが出てくる。	他品種と同様に輝きが少なくなり落ち着いた外観へ。茶色や赤みがかった色調へと進んでいく。
ローストされた黒いゴムなどのニュアンスが加えられる。フランス以外では若いうちは樽のニュアンスが支配的に感じられるタイプも存在する。	紅茶、なめし皮、湿った樹皮、黒土、スーボワ、シャンピニョン、さらに腐葉土、トリュフへと続くものも。熟成により香りの複雑性と持続性が増す。
樽からのニュアンスをはっきりと出すタイプ。あと味のローストのニュアンス。	熟成によって若いうちに感じられた酸味が穏やかになる。バランスがとれてくる。

＊ニューワールド：
アメリカ（カリフォルニア）、オーストラリア、ニュージーランド、チリ、アルゼンチンなどをまとめての大きなくくり。
公式な呼び名ではない。

ジュブレイ・シャンベルタン　クロフランタン
Gevrey Chambertin Clos Frantin
Côte de Nuits　Bourgogne　France　13%

　紫色がかったルビー。ディスクに透明感のある赤のニュアンス。
　赤い花や赤い果実の控えめな香り。時間が経つにつれよりわかりやすくなってくる。
　香りにあったような赤い果実の印象の味わいに加えて心地よい酸があと味に表現されている。細かい渋みも口の中にわりと長めに残る。少し地味な印象を受けるがクラシックな造りのスタイル。

ジュブレイ・シャンベルタン　フェブレイ
Gevrey Chambertin Faiveley
Côte de Nuits　Bourgogne　France　13%

　輝きのあるルビー色。清澄度合いもよく、輝きも充分。
　熟した赤い果実の滑らかな香り。まとまりがよく、少しの酸を連想させる。
　細かい酸を伴ったイチゴやフランボワーズ（木イチゴ）の味わい。時間の経過とともに酸がわかりやすく表現され、乾いた印象で終わる。樽からと思われる黒いゴムのような苦みも少し感じられる。

ジュブレイ・シャンベルタン　コンブ・オー・モワンヌ　フェブレイ
Gevrey Chambertin Combe aux Moines Faiveley
1級　Côte de Nuits　Bourgogne　France　13%

　輝きのあるルビー色。外観に深みも感じられ健全。
　赤い果実の持つ優しい酸を伴った香り。バランスよく、香りの持続性もある。
　はっきりしたアタック。粘性も感じられ、細かい酸があと味の心地よい渋みへとつながっていく。樽からの要素と思われる乾いた木質の渋みも。

アルザス ポール・ブランク
Pinot Noir Paul Blanck
Alsace France

　やや落ち着いた印象の透明感のあるルージュ。ディスクの縁（ふち）には少し酸化のニュアンスも感じられる。
　フランボワーズやイチゴの穏やかな甘い香り、加えてエピス・ドゥース* や黒糖の少しロースト香も加わる。
　滑らかな甘味の感じられる味わいで、酸はあるものの全体としては滑らかな印象。控えめな酒質であり、複雑性には少し乏しい。

* エピス・ドゥース：甘苦系のスパイス（シナモン、丁字、ナツメグ、甘草など）が複数混じったもの。

サンセール ヌヴー
Sancerre André Neveu
Loire France

　赤みがかった甘いルビー。少し落ち着いた印象も。
　やや冷やした印象の赤い果実。少し清涼感も感じられる。
　アタックは滑らかで、酸と甘味とがわかりやすく表現される。心地よい甘味があと味に広がり、全体的には丸い印象を受ける。

マス・ボラス トーレス
Mas Borràs Penedès Torres
Spain

　スミレ色がかった深みのあるルビー。
　香りにはまず、木質の香りやなめし皮、落ち葉、湿った黒い土など熟成感が現れている。
　心地よい丸みを帯びたアタックに始まり、時間の経過とともに心地よい苦みが徐々に広がってくる。
　温度を高めてサービスを行いたい。

ネロ・ディ・ヌービ カステッロ・ディ・ファルネテッラ
―熟成感の現れているヴィンテージ―
Nero di Nubi Castello di Farnetella
Italy

　オレンジ色がかった酸化的なニュアンスの強く感じられるルージュ。
　典型的なピノ・ノワールの熟成感が現れており、プラムや紅茶、ドライフラワーなど酸化的な要素が多く感じられる。
　味わいは滑らかで、上品なタンニンがあり、香りにあったような赤い果実のドライな味わいが広がる。あと味に残る苦みと他の味わいの要素とのバランスがよく、おいしい苦みがあと味に残る。

ナパ カリフォルニア　ベリンジャー
Beringer
Napa Valley California America

　輝きのある赤みを帯びたルージュ。
　赤い花や赤い果実の熟したわかりやすい甘味が感じられる。加えて少しヴァニラや黒いゴムの香りも。
　アタックは滑らかで、甘味が充分に感じられ、強すぎない飲みやすい酒質である。
　カリフォルニアに多く現れる樽からのヴァニラの香りや味わいはあまり感じられない。

世界最優秀ソムリエコンクール
―筆記のテスト―

　私の参加した 2007 年の世界最優秀ソムリエコンクールはエーゲ海に浮かぶギリシャのロードス島で行われました。

　ソムリエ・コンクールというのはワインだけではなくリキュールや蒸留酒はもちろんのこと、チーズや、紅茶・コーヒー、オリーヴオイルや葉巻、世界中の食材に至るまで、レストランに関係していることは何でも出てきますので、範囲はあっても実際には無いようなものです。

　3 年に一度開催されるこのコンクールでは、毎回出題傾向が異なり、あまり山をはって予想すると痛い目をみるので、"広く浅く"ではないのですが、みんなができるところは落とさない、そして、できれば何問かは難しいところをしっかりと答えて他の選手との差をつけたいと考えて準備をしていました。

　ソムリエコンクールと言うと"ブラインド・テイスティング"が有名なのですが、当日の朝 8 時から、かなりの問題数の筆記のテストから始まりました。

　全体で 44 カ国の代表が出てきているので、それらの選手にひいきがないよう、各国から 1 問は最低出題されます。フランス語か英語を選択しなければならないので（ちなみに私はフランス語を選択しました）、筆記問題に関してはフランス語で書かなければなりません。日本にいるとあまり話題に上ることの少ないイスラエルやヨルダンの細かい産地名や葉巻についてなども出題されており、なかなか手ごわい問題だったねと終わってから選手同士で少しため息まじりに話し合ったくらいでした。

カベルネ・ソーヴィニヨン
(Cabernet Sauvignon)

産地：フランス（ボルドー）、および世界各地

Point：黒みを帯びた色調の濃さ、豊富なタンニンによる渋みや苦み、収斂性（しゅうれんせい）。

フランスでは単一で造られることは少なく、メルロやカベルネ・フランと混醸されることが多い。

	冷 涼	温 暖	
外観	黒みがかった濃い紫の色調、色素量も多くグラスの中心部に黒みがかかる。あまり冷涼だと完熟が難しい。		
香り	濃縮感のある／よく熟した／黒い皮の小果実、カシス（黒スグリ）、ブルーベリー（ミルティーユ）、ブラックベリー（ミュール）、ブラックチェリー。 少し青っぽいニュアンス。杉の葉、シシトウ、ピーマン。 閉じている／還元的な要素としてインクっぽい。		
味わい	アタックからはっきりと／しっかりとした酸や渋みを感じ、香りにあった果実を皮ごとすりつぶした様な酸や渋みの目立つ味わい。若いうちは収斂性を感じる。アルコールのボリューム感もあり、酸や渋みもそれに伴って高くなる。		

見分け方：

● シラーであれば、色調にもう少し赤みがあり、スパイシーさの中心に黒コショウがあるはず。

● メルロであれば、ここまでの収斂性は出にくい。滑らかさが増す。

● ネッビオーロであれば、カベルネ・ソーヴィニヨンより渋みが少なく（判断は難しいが）酸がより前面に出てくる。

	樽による	熟成による
	タンニンが多い品種のために樽による大きな外観の変化は少ない。	より赤みへと進み、黒み中心から変化してくる。ボルドーでは約10年ぐらいでこの様な色調の変化がわかりやすく出てくる様になる。
	木樽によるニュアンスも多く感じられる。木樽の香り、ロースト、ビターチョコレートを少し焦がした要素。	ドライフルーツの香りや、干した肉（ビーフジャーキー）など序々に水分が抜けていくニュアンスが増してくる。豊富な色素とタンニンが酸化を防ぐ働きをするために、熟成のスピードは遅い品種であり、そのため、他品種とブレンドを行う。
	渋みが特徴的であるため、樽に入れて酸化を促し、味わいを変化（進化）させる。よりまとまりが感じられる。	若いうちは渋みが支配的であり、全体がまとまるには時間が必要。逆に言うとカベルネ・ソーヴィニヨンにおける造り手の目指している味わいとは、ある程度の熟成期間が必要であるとも言える。

カベルネ・ソーヴィニヨン ニューワールド

(Cabernet Sauvignon New Wolrd)

産地：アメリカ（カリフォルニア）、オーストラリア、チリ

Point：色調がしっかりと濃く、香りと味わいに新樽の要素が色濃く出ている場合が多い。新樽の中でもアメリカンオークによるヴァニラやモカなど甘味を思わせる香りが多い。日照量が多い（もしくは多すぎる）場合、暑い産地に特有の個性的なユーカリやメントールなど清涼感が出てくることも多い。

	冷涼	温暖	
外観	とても濃く、しっかりとした凝縮感がある。黒の色調が目立つ。 色素量があるため色合いにより凝縮感が出る。グラスを斜めにしても下の字が見えにくい。		
香り	力強くしっかりと立ち上る香り。 カシス（黒スグリ）、ブラックチェリーのコンポートやジャムなど、より煮つめて水分の少なくなった特徴など。 樽からの影響と同様に伝えるタイプが多いため、黒いゴム、コールタール、ビターチョコレート、モカ、ココアなどの甘苦み系も多い。粉っぽさやヴァニラもわかりやすい。		
味わい	カリフォルニア：香りや味わいの余韻に樽からの甘味を多く残す。 オーストラリア：ユーカリ、メントールなど清涼感があり、味わいにはビターチョコレートの苦み。樽もしっかり存在を主張する。 チリ：色調がしっかりと濃く、最近は酸や渋みもしっかりと表現されつつある。余韻を引きしめる。アルコールが少し高く、最後には少し甘い果実味が残る。		

その他：メルロと同様に、ここ何年かでワイン造りの方向性に変化が見られ、以前の様に圧倒的に強く、重く、濃いワインを狙うということなく、瓶詰めされて若いうちからバランス良く飲めるワインを目指す方向に変わってきている産地（チリ、オーストラリアなど）も多い。ただし、そうではあっても、他の品種に比べると、色が濃く、収斂性（しゅうれんせい）に富む。

	樽による	熟成による
	木樽に入れて酸化の影響を受けることにより外観に落ち着きが出る。	ボルドーなどに比べると黒みが長く残るタイプと意外に赤みが早く現れてくるものとあり予測がつけにくい。 西オーストラリアのマーガレットリバーなどでは黒い色調を残しつつ、ディスクの縁（ふち）が赤みを帯びることもある。
	樽からのユーカリ、メントール、ヴァニラ、ロースト香、タール香なども力強く、長く、香りを印象づける。	ユーカリ・メントールの香りが控えめではあるものの存在し続ける。
	チリ、オーストラリアなどはアメリカンオークの特徴であるヴァニラの香りと同様、甘苦みが感じられる。	時間が経過してもアルコールのボリューム感は残る場合が多い。味わいの細かい苦み、乾いたタンニンが長い余韻を作り出す。

オック　スカリ

Vin de Pays d'oc Robert Skalli

Languedoc France　13%

　輝やきや濃縮感の感じられる中心部に黒みがかったルージュ。
　赤い花や赤い果実の熟した甘い香りに加えて、少し黒糖や樹脂などの樽からの要素も香りに現れる。
　アタックは滑らかで甘苦系のスパイス（丁字、ナツメグ、甘草などが混ざっている）や熟した果実の味わいが広がる。時間の経過とともに苦みが目立つようになり、あと味を引き締めて終わる。

ルイジボスカ

Luigi Bosca

Argentina　14%

　紫色の若いニュアンスの表現された落ち着いた印象のルージュ。
　赤い果実の熟した香りに加えて、樹皮や木樽からの酸化的な香りも。
　味わいは滑らかで心地よい苦みが樽からの要素を伴って口の中に広がる。アルコールの高さはそれほど強くは感じられない。

フューザル

ー熟成感の現れているヴィンテージー

Château de Fieuzal

Graves Bordeaux France

　レンガ色がかった淡い色調のルージュ。外観には充分な熟成感が表現されている。
　心地よい複雑味のある香り。イチジクやプラムのドライフルーツ、樹皮、落ち葉、なめし皮、ドライビーフ、丁字（クローヴ）など熟成感が豊富に表現されている。
　アタックは控えめで熟成感を伴った細かい酸味と少しずつ現れてくる甘味とのバランスがよい。

デル・ディアブロ　コンチャ・イ・トロ
Casillero del diablo Concha y Toro
Chile

　深みのあるやや濃いニュアンスのルージュ・ガーネット。
　凝縮した黒い果実のニュアンスが多く香りに現れ、時間の経過とともに若さを思わせる清涼感が現れてくる。樽香はあまり出すぎない。
　アタックは滑らかで、香り同様、カシス（黒スグリ）やブラックチェリーの甘味とそれらの果実を皮ごとすりつぶしたような細かい渋みが徐々に広がってくる。

ボーエン・エステート
Bowen Estate Coonawarra
South Australia Australia   14.5%

　黒みがかった深みのあるルージュ。
　熟した赤い果実の香りに加えて、ローストした炭っぽい香り、シナモンやナツメグなどの甘いスパイス、しっかりとしたアルコール度数からの香りの持続性の強さを鼻腔に感じる。
　ボリューム感のある滑らかな味わいで黒い皮のカシスやブルーベリー（ミルティーユ）などの甘味を感じる。粘性も充分で、しっかりとしたおいしい苦みが乾いたあと味を形作っている。

ボーキャノン　カリフォルニア
Beaucanon
Napa Valley California America   13.5%

　澄んだ色調の輝きのあるルージュ。
　赤い果実の熟した少し甘いニュアンス、加えてエピス・ドゥースの特徴も。全体的には香りのバランスがとれている。
　しっかりとしたボリューム感のあるアタックに始まり、時間が経ち、温度が上がると少し酸が目立つようになる。香りではあまり感じることのなかった樽のニュアンスはあと味にしっかりと現れてくる。

シラー

(Syrah / Shiraz)

産地：フランス南部、アメリカ、オーストラリア、南アフリカ

Point：赤みを帯びていてスパイシーな香り。黒コショウのホール（丸のまま）の香りを探す。

見分け方：
- カベルネ・ソーヴィニヨンであれば、タンニンが多いためもっと渋く苦くなる。

- メルロであれば、滑らかでアルコールのボリューム感が口の中に残る。ここまでのスパイシーな要素は出にくい。

	冷 涼 ・・・・・・・・・・・・・・・・▶ （どちらかと言えば温暖な気候を好む）温 暖
外観	色素量の多い、しっかりとした濃縮感のある外観。 赤みを帯びた、中心部に黒のニュアンス。粘性もしっかり。
香り	日なたの赤い花の香り。芍薬、ゼラニウム、ローズヒップ。 熟した赤いプラム、サクランボ、しっかりと立ち上る黒い皮の果実。カシス（黒スグリ）、ブルーベリー（ミルティーユ）。シロップ漬けにしたニュアンスも。 黒コショウのホール（丸のまま）の香りが、この品種のポイント。マッチ棒の火薬と木の軸の部分の香り。 オリエンタルな香辛料の要素（カルダモンやクミンなど）も。
味わい	アタックはしっかりとして、酸や渋み、そして、樽からの要素も多く存在する。 しっかりとした赤い／黒い皮の果実をすりつぶした様な渋みから、序々に黒コショウのホールの香りが飲んだ後に口の中からも目立つようになってくる。
その他	＜樽による特徴＞ 樽の使用により、アクセントを与えられている。 シラーの個性をみた上で造り手によっては、新樽を用いることも多い。 ＜熟成による特徴＞ 熟成すると全体に滑らかな要素が多くなり、10～15年以上経過すると、さびた鉄っぽい特徴が出やすく、ボルドーのサンテミリオンの古酒に似る。

シラーズオーストラリア
(Shiraz Australia)

産地：オーストラリア

Point：赤みに加えて黒い色調。色素量が豊富。

見分け方：
- カベルネ・ソーヴィニヨンであれば、もっとタンニンが多く渋くなるはず。
- メルロであれば、滑らかさや口の中でのボリューム感がもっと大きくなる。

	冷 涼 ・・・・・・・・・・・・▶ （どちらかと言えば温暖な気候を好む）温 暖
外観	黒みが外観にしっかりと表現され、粘性も強い。（基本的には赤の色調が中心にある。） 色調の濃縮感がわかりやすい。
香り	フランスのシラーズに比べて香りの立ち方、持続性が力強く、凝縮感に富む。果実の香りもより力強く、より持続する。 メントールやユーカリなど清涼感を伴う香りが目立つ。加えて少し樹脂系の香りも。外側に砕いた黒コショウをまぶしたパストラミ・ハムの様な香り。 スモーク用の木のチップ、マッチの火薬。オリエンタルな丁字（クローヴ）や八角などの香辛料も。
味わい	酸がしっかりと感じられるフランスのシラーズに比べて、アルコールのボリューム感や、酒質の構成など、それぞれがしっかりと口の中で主張する味わい。余韻はとても長い。 ビターチョコレートやココアなどアメリカンオークの特徴も口の中に広がる。
その他	＜樽による特徴＞ 樽の要素と熟したシラーズとの組合せにより豊富なタンニンが感じられ、ビターチョコレートやエスプレッソコーヒーのような苦みも。 ＜熟成による特徴＞ ユーカリ、メントールが心地よいレベルで残る。

コート・ロティ　ギガル
Côte-Rôtie Brune et Blonde de Guigal
Côtes du Rhône France   13%

　紫赤みがかった若い色調のルージュ。輝きも充分に感じられる。
　赤い花やプラムなど赤い果実の香り。加えてスパイスや木質の香り。マッチ箱の外側の火薬のような香りも。黒コショウの要素もあり、品種からの個性がよく表現されている。
　はっきりとしたアタック。赤い果実の持つ細かい酸に加えて、樽からの少し樹脂っぽい要素も。酸が豊富なために乾いた印象を受けるが、粘性も充分にある。

ソタナム　ヴァン・ド・ヴィエンヌ
Sotanum Vins de Vienne
Côtes du Rhône France   12.5%

　深みの感じられる輝きのあるルージュ・ガーネット。
　赤い果実の熟した香りに加えて、芍薬などの赤い花やドライフルーツ、ロースト香やココアなどの粉っぽい香りも。
　細かい酸と渋みがまず感じられるアタック。熟した果実にスパイスを加えたような厚みのある味わいが中心に広がり、余韻には乾いた印象を残す。

クローズ・エルミタージュ　ポール・ジャブレ
Crozes-Hermitage Thalabert Paul Jaboulet
Côtes du Rhône France   13%

　輝きのある紫色がかったルビー・ルージュ。
　紫色のプラムの熟した香りや黒オリーヴ、少し樹脂っぽい清涼感も。少し青いニュアンスのスイカヅラの香りも。
　アタックは滑らかで、粘性も感じられ、カシス（黒スグリ）やブルーベリー（ミルティーユ）などのドライフルーツの味わいが広がる。余韻には細かい粉っぽい苦みが現れ、味わいを引き締めて終わる。

ルーウイン・エステート
Leeuwin Estate
Margaret River Western Australia Australia   14%

　やや凝縮感のある黒みがかったルビー。
　カシスやブラックチェリー、黒オリーヴなどの香りに加えて、ロースト香や樽からと思われるビターチョコレートのニュアンス。加えて清涼感も伴っている。
　味わいは滑らかで丸く、香りにあった果実のコンフィチュールのニュアンス。粉っぽい苦みが味わいに現れる。酸が豊富で黒コショウの持つスパイスの要素は香りよりも味わいに現れやすい。

ピーターレーマン　バロッサ・シラーズ
Barossa Shiraz Peter Lehmann
Barossa Valley South Australia Australia   14.5%

　凝縮感のある全体に黒い色調を帯びたガーネット。色素量が豊富である。
　清涼感を感じるものの基本的には凝縮感のある重い香りであり、カシスやブラックチェリーのドライフルーツ、ビターチョコレート、ヴァニラ香、黒檀、マホガニー。
　味わいは滑らかでボリューム感があり、小豆を煮たような甘味があり、最後に心地よい酸を残す。凝縮感のあるタイプ。

ウエンテ
Syrah Wente
California America 13.5%

　落ち着いた印象のルビー・ルージュ。
　芍薬などの赤い花や熟した赤いプラム、サクランボ、グミ、クコの実の香りがわかりやすく広がる。
　アタックは滑らかで、香りにあった果実の要素が心地よい甘味とともに存在し、バランスよく飲みやすい。

ネッビオーロ

(Nebbiolo)

産地：イタリア（ピエモンテ）

Point：やはりあと味にしっかり残る"口の中を乾かせる苦み"がポイント。

見分け方：色調は深みのあるガーネット。あと味の苦み、渋みが長く残る。サンジョヴェーゼではここまでの特徴的な苦み（渋み）は出てきにくい。

その他：樽での酸化を促す伝統的な造り手や、過度の酸化を嫌い若々しさを保つ造り手など様々なタイプが存在する。
どちらが良いということではなく、合わせる料理や、好みによっての選択が楽しめる。

	（涼しい気候を好む） 冷　涼	熟成による特徴
外観	濃縮感のある黒みがかったルージュ／紫。粘性は高い。 イタリアの法律において、バローロやバルバレスコの最低樽熟期間が定められており、その間の空気接触により酸化傾向としての赤みが現れる様になる。	全体的に色調に落ち着きが現れ、赤みと中心部には黒のニュアンスが残る。
香り	カシス（黒スグリ）、ブルーベリー（ミルティーユ）、ブラックチェリー。凝縮感のある色の黒みがかった果実。スミレ、黒オリーヴ。 さらにそれらの果実を常温において皮ごとすりつぶした様な、酸や渋みの存在を予想させる香り。血の香り。赤みの生肉の香りも。	熟成によってなめし皮、湿った樹皮、冷めた紅茶の様な熟成香が出てくる。さらに良い年のものはジビエ、トリュフ、黒い色のシャンピニオンなども。
味わい	豊富な酸や渋みが感じられるはっきりとしたアタック。若いうちはこの渋みがかなり目立ち、味わいを支配する。 香りに存在する黒い果実系の味わい＋樽からの渋み、生肉っぽい。	赤い果実（サクランボ、プラム）などのやや酸が目立つ構成のアタック。アニマル（ジビエ）や血などの動物的な香り。熟成により全体のバランスが良くなり、余韻に甘みが感じられる様になる。
その他	＜樽による特徴＞ 基本的には木樽を使用しているため、ロースト香がわかりやすい。 スロヴェニアオークの大樽（伝統的にはあまり樽の個性を加えずゆっくりと酸化熟成させることを目的としていた）や、フレンチオークの小樽（しっかりした樽からの個性を意識的に組み合わせる方向）など様々な個性が存在する。	

バローロ プルノット
Barolo Prunotto
Piemonte Italy　13.5%

　少し熟成感の現れ始めたルージュ・ガーネット。ディスクの縁（ふち）には赤みが多く現れている。
　赤い果実の乾いた印象やなめし皮、樹皮など酸化的な要素を多く感じる。
　赤いプラムの乾いた、やや酸を豊富に表現するアタック。同様に少し乾いた樹皮の要素。加えて黒いゴムや粉っぽい苦みもあと味に現れてくる。

バローロ ゾンケッラ　チェレット
Barolo Zonchera Ceretto
Piemonte Italy　14%

　熟成感の現れた澄んだルージュの色調。
　ドライプラムなど乾いたフルーツの香りに加えて、ナツメグなどのやや甘いスパイスの香りや、なめし皮、湿った落ち葉など熟成感の現れ始めた典型的なネッビオーロの個性がわかりやすく表現されている。
　少し乾いたアタックに始まり、少しリキュールに浸けたサクランボや赤いプラムの苦みを伴った味わい。香りの印象に比べて味わいが若く固い。

バルバレスコ アジィ　チェレット
Barbaresco Asij Ceretto
Piemonte Italy　14%

　深みのあるルージュ・ガーネット。粘性も高く、色素量も豊富である。
　カシスや黒いサクランボのリキュール漬けのような甘苦みを感じさせる香りに加えて、なめし皮や少しローストした木の香りも。
　味わいのアタックははっきりしており、果実味は全体的に控えめで細かく乾く豊富な酸が味わいを支配する。

ネッビオーロ・ダルバ プルノット

Nebbiolo d'Alba Occhetti Prunotto
Italy　13.5%

　黒みがかったルージュ・ガーネット。輝きも充分。
　紫色のカシス（黒スグリ）やプラム、赤い花やクコの実の香りも、複雑性も感じられる。
　味わいのアタックは滑らかで、香りと同様の果実の、少し酸の目立つ果実の味わいが広がり、その後に樽からと思われる細かいタンニンが口の中に細かくはり付く。

世界最優秀ソムリエコンクール
― デギュスタシオン ―

　さていよいよ緊張するブラインドのテイスティングです。ここで品種を当てるか当てないかで後に大きく響いてくるので、特にここは要注意なところです。
　ブラインドのティスティングはまず A4 の用紙が 2 枚配られ、白ワインと赤ワインがグラスに注がれ、すさまじい緊張の中、座っている選手の前に"ぽん"と置かれ「はい始めて下さい！」という、あっけない簡単な一言でスタートします。
「これとこれは書いてね」とか「品種は忘れずにね！」などとは一言も言われません。ただひたすらテイスティングの方法に沿って記入漏れがないよう限られた時間の中、あせらないように黙々と書き進めていきます。
　2 種類のコメントを書き終わってほっとしたのもつかの間、今度は料理が運ばれ、また今度も「はい始めてください！」の一言でみな一斉に、今度は料理との相性を定石に沿って書き込んでいきます。メインの料理とはこちらのワインが良かった、付け合わせとはどちらがよくて、さらに総合的に一皿を考えた場合ソムリエとしてどのように考えるか？という考え方の進み方がポイントにもなります。なので、自分はこう感じた、考えたという過程をしっかり表現しないと＝伝えないと、ただ"おいしいです"とか"酸っぱくなりました"ではただの感想に過ぎないので、"なぜおいしい"のか"なぜ酸味が目立つのか、その結果どう考えたのか"と、あくまでもソムリエとしての考え方を表すというところをわかりやすく書き込むのが必要な試験でした。

メルロ
(Merlot)

産地：フランス（ボルドー）、および世界各地

Point：滑らかさとアルコールのボリューム感が特徴であり、産地によっては色調もカベルネ・ソーヴィニヨンの様にしっかりと濃く造られる場合もある。

見分け方：
- この色調、この香りでカベルネ・ソーヴィニヨンであればもっと渋み（タンニン・収斂性）が目立つはず。
- この色調でシラーであれば、黒コショウの香りがかなり目立つ。

	冷涼 ·········▶ 温暖 （どちらかと言えば温暖な気候を好む）
外観	濃縮感のある全体的に黒みがかった紫色の色調。色素量は豊富。粘性も高い。
香り	若いうちは黒紫色のベリー系の香りがはっきりと表現される（カシス、ブラックチェリー、ブルーベリー）。樽のニュアンスも多く感じる。最近の造りの傾向として、特にボルドーのサンテミリオンやポムロールなどでは凝縮したタイプが多く見受けられ（あくまでも心地よく感じられるレベルではあるものの）、ロースト香、少しの焦げ臭、エスプレッソ、カカオ、ビターチョコレート、黒いゴム、タール香などがわかりやすいものも多い。
味わい	外観や香りから受ける予想よりも味わいは丸く、渋み自体が豊富な粘性のかげにかくれて、あまり強調されない。アルコールのボリューム感が余韻へと続く。収斂性が控えめである。丸みがある。濃くてボリューム感があって味わいは丸みを帯びている。
その他	＜熟成による特徴＞ 熟成によって、さびた鉄、アニマルなど複雑な香りになる。丸やかさを保ちつつ全体的な味わいのまとまりが表現される。カベルネ・ソーヴィニヨンの熟成したタイプに比べるとより滑らかなあと味を残す。

メルロ・ニューワールド
(Merlot New World)

産地：カリフォルニア、オーストラリア、チリ、アルゼンチン

Point と見分け方：
日照量の豊富な生産地が多いため、色調が濃く、中心部の黒みが増え、外見的にはカベルネ・ソーヴィニヨンに近くなる。新樽との組み合わせでより個性を強調している造り方が多い。

	冷涼 ·········▶ 温暖 （どちらかと言えば温暖な気候を好む）
外観	濃縮感のある黒みがかったしっかりした紫の色調。粘性も強く、色素量がかなり多い。
香り	ユーカリ、メントールを伴った濃縮感のあるベリー系の香りはオーストラリアのメルロに多く、カリフォルニアやチリではチョコレート・ヴァニラなど新樽からの特徴がより多く感じられる。抜栓直後から香りはしっかりと出る。 リキュールやクレームといったより甘味を予想させる香りには、ロースト香やタール香といった少し焦げたニュアンスも含んでいる。
味わい	以前（特に 10 年位前までは）は強く、濃く、わかりやすいとされていたオーストラリアやチリ産のメルロは、ここ何年かでその方向性を変えてきており、重すぎずに酸をしっかりと口の中に残す様になってきている。
その他	<樽による特徴> 新樽のロースト、ヴァニラなどが一つの個性として定着している。 ロースト、焦げ（苦み）に近づく特徴なども、あと味に心地よく現れてくる。 <熟成による特徴> 熟成を経てもユーカリ、メントールが残ることが多い。

ビアンフェザンス

Château La Bienfaisance
St.Emilion Bordeaux France   12.5%

　濃い色調の、紫がかったルビー。ディスクの中心に黒みも感じられる。
　熟したカシス（黒スグリ）やブルーベリー（ミルティーユ）の香りに加えて、黒いゴムや樽の香りも感じられ、それぞれの要素は力強く持続性も感じられる。
　細かい渋みを伴った、はっきりしたアタックで始まり、少しドライフルーツのニュアンスが感じられ、紫色の果実をすりつぶしたような渋みが時間の経過とともに現れてくる。

フロジョグ

Château Flojague
Côtes de Castillon Bordeaux France   13.5%

　黒みのはっきりとした濃い紫色のルビーの外観。色素量も多い。
　黒い皮の果実のリキュール漬けのような香りがまず感じられ、続いて少し炭っぽいロースト香が感じられる。
　アタックには細かいタンニンが豊富に感じられ、ボリューム感も豊富。酸と渋み、果実からの甘味とのバランがとれており、心地よい苦みを残す。しっかりとしたメルロを表現している。

ラ・ポワント
ー熟成感の現れているヴィンテージー

Château La Pointe
Pomerol Bordeaux France   12.5%

　熟成感が充分に感じられる。オレンジ色がかった淡いルージュ。
　乾いた赤い果実の香りがまず感じられ、加えてドライトマトや酸を思わせる木樽のニュアンスが感じられる。鉄サビやスパイスの要素も時間とともに現れてくる。
　アタックは赤い果実のドライフルーツのような穏やかな酸がまず感じられ、強すぎない酒質で心地よい甘味を伴った粘性があと味に残る。まとまりのある穏やかな味わい。

オック スカリ
Vin de Pays d'oc Robert skalli
Languedoc France 13%

　紫色のしっかりとした、輝きのあるルージュ。粘性も感じられ、ディスクも厚い。
　赤い果実のジャムのような少し甘い香りに加えて、少し根菜系の香りも。
　アタックは滑らかで、赤いプラムのシロップ漬けのような優しい甘味が感じられる。若々しい味わいで、ボリューム感は出すぎない。

モンダヴィ
Merlot Robert Mondavi
Napa Valley California America 14%

　落ち着きのあるルージュ・ガーネット。外観に紫も感じられ、粘性も充分。
　赤い果実の甘味を伴った心地よい香りに加えて少し甘めのエピス・ドゥースのニュアンスも現れてくる。
　アタックはピノ・ノワールに似た赤い果実味に始まり、穏やかな要素が多いのだが、時間の経過とともにボリューム感とあと味の渋みが目立つようになる。
　14パーセントのアルコール度数でありながら香りと味わいとのバランスの良い状態。

ボリーニ トレンティーノ
Trentino Merlot Bollini
Italy

　全体的にルビー色がかった若々しいルージュ。
　イチゴや赤いプラムなどの控えめの香りがあり、加えて少しドライトマトも。
　アタックは滑らかで、香りにあった果実味に加えて、酸と少しミネラルを感じる。あと味は少し乾く。
　食事と合わせることによって、より特徴がわかりやすく表現されてくるはず。果実味を生かすため少し低めの温度を維持して提供したい。

ヤラリッジ
Yarra Ridge
Yarra Valley Victoria Australia 13.5%

　黒みがかったとても濃い色調のガーネット。ディスクも厚く、粘性も充分。

　香りにはまずしっかりとしたユーカリやメントールの香りがあり、続いて少し焦げたニュアンス、黒いゴムやタールの香り、最後にすりつぶしたカシス（黒スグリ）やブルーベリー（ミルティーユ）の要素が現れる。

　はっきりとしたアタックで始まり、大柄の熟した果実味をわかりやすく表現してくる。豊富な酸味と渋みとのバランスもよく、粘性を伴った甘味もあと味に残るために外観から受けた第一印象とは異なり、飲みやすい酒質を備えている。

赤ワインと料理の相性について

　"料理全体の色合いで合わせる"とか"中心になる味わいを考えて合わせていく"など、様々な方法がありますが、今回の考え方は"あと味・余韻"という最後の印象の部分です。
　例えば"仔羊のロースト・きのこ添え"であった場合には、まず、あと味を考えます。
　そうすると、仔羊特有の滑らかなナッツの風味と、香ばしく焼き上げた皮目の部分とを考え、少し滑らかでやさしい甘味のあるタイプ＜ブルゴーニュ、キアンティなど＞を考えてみます。
　また"鹿肉のステーキにスグリのソース添え"であった場合には、赤みの肉質と果実のやさしい甘味が残るので、少し野生的な香りと、少し乾いたドライなニュアンスの赤い果実系の味わいのもの＜リオハや少し熟成したボルドーなど＞を合わせるといった考え方です。さらには提供温度が重要な要素になりますので、できる限り＜高めの温度で⇔低めの温度で＞試してみるとワインの持つポテンシャルというか底力が見えてくるかもしれません。
　他に赤ワインの香りや味わいの違い、余韻の個性をより生み出す要因としてグラスの形状があります。
　できるだけ大きいグラスを使ってみるとか、少し変わった形状にもトライしてみて、今まで自分が思っていたワインの違った側面が見えるように意識して飲むことも楽しいと思います。
　赤身の肉だから赤ワインとか、地元同士で合わせるといったクラシックな考え方から少し違ったアプローチをしてみることで、新たな楽しい組み合わせを探しましょう。

ガメイ

(Gamay Noir à Jus Blank)

産地：フランス（ボージョレ、ロワール）、アメリカ、南アフリカ

Point：一般的にはマセラシオン・カルボニック（炭酸ガス浸漬法→ P.80）によるバナナに似た香り（酢酸イソアミル）を探す。ピノ・ノワールよりはあと味に甘味が出やすい。クラシックな造りのガメイにはバナナの香りは少なく、どちらかと言えばピノ・ノワールに似る。

見分け方：この色調で（ロワール地方の）カベルネ・フランであればもっとピーマンや杉の葉の特徴が出てくる。

	冷涼　・・・・・・・・・・・・・▶ （やや温暖な気候を好む）温暖
外観	紫色が中心で色素量は多め。ディスクに明るい紫色が出やすい。やや温暖な気候を好む。クラシックな造りによるところでは淡い色調のものも。
香り	外観から受ける印象は紫色のニュアンス。 　花：スミレ、紫色の花 　果実：ブルーベリー（ミルティーユ）、黒紫のオリーヴの実、甘草。 　少し清涼感も伴う。 マセラシオン・カルボニックによるバナナに似た香り。この香りが感じられて味わいに甘味があればガメイと判断しやすい。自然派の造り手も多く、その場合はピノ・ノワールとの香りの差は得にくい場合もある。
味わい	全体として酸のレベルはあまり高くなく、味わいの濃縮度も中程度。余韻に少し甘味が感じられる。 マセラシオン・カルボニックにより、若いうちから飲むことのできるフレッシュで渋みの少ない酒質を造り出す。木樽の要素は少ない。梅、赤いプラム、シソがありながらも少し甘味があと味に残る点がサンジョヴェーゼとの違い。
その他	＜樽による特徴＞ 樽（特に新樽）の要素は少ない。 ＜熟成による特徴＞ 他の赤品種と同様にこなれてくる。熟成によって、ピノ・ノワールに段々と近づいていくものもある。

ボージョレー AC デュブッフ
Beaujolais Georges Duboeuf
Beaujolais Bourgogne France　12.5%

　明るいルビー色の若々しい外観、ディスクに紫色の要素が多く表現されている。
　紫色の花の香りやプラムなどの強すぎない少し清涼感を伴った甘い香りがわかりやすく広がる。
　味わいのアタックは滑らかで香りからの印象がそのまま味わいにも表現されており、少し粉っぽいあと味を残す。軽快な酸がこのワインの味わいの中心にある。

モルゴン デュブッフ
Morgon Georges Duboeuf
Beaujolais Bourgogne France　12.5%

　明るい色調の紫がかったルビー。輝きも充分。
　赤い果実のフルーツバスケットのようなわかりやすい香りに加えて、少し黒いゴムのような、甘草の香りも。
　甘味を伴った穏やかなアタック。徐々に細かい渋みが口の中を支配してくる。外観からの予想とは異なり、噛みごたえのある、飲み飽きない味わい。軽くフルーティーなボージョレーではない。

パストゥーグラン* ルイ・ジャドー
Passetoutgrains Louis Jadot
Bourgogne France　12.5%

　澄んだ色調の明るいルビー。輝きも充分。
　日なたの赤い花の香りと赤いベリーのやや しっかりとした特徴が現れている。
　粘性の感じられる、やや肉厚な酒質で、ほおずきやドライトマト、少し"ウコン"のような粉っぽい乾いた味わいを残す。

---

* パストゥーグラン：ピノ・ノワール 1/3 以上、ガメイ 2/3 までという規定のもとに2種をブレンドして造られたブルゴーニュのワイン。

ドール
Dole
Valais Switzerland 13%

　澄んだ色調の輝きのあるルビー・ルージュ。ディスクには黒いニュアンスも。
　赤い花やベリー、赤いリンゴの皮の部分の甘い香りも。木樽の要素も感じられる。
　味わいは滑らかで、赤と黒のベリーを混ぜたようなガメイの持つ甘苦い味わいが支配的。時間の経過や温度の変化により、もう少し柔らかさや滑らかさも現れるようになってくる。

ブラインド・テイスティングに対する考え方

　「試飲＝テイスティングって何？」特に「ブラインドテイスティングって何のためにするの？」という質問をたまに受けることがあるのですが、実はテイスティングという行動には多くの目的が存在するのです。一般の方が、例えばお店で試飲して購入する場合にも"おいしいのか、おいしくないのか？"はもちろん大事なポイントですし、購入価格に見合った満足感は得られるのか？今すぐ飲んでおいしいのか？今日の晩御飯に合うのかしら？など、様々な目的があっての試飲だと思います。

　立場が変わって、ソムリエ・サービスの視点からの試飲には、自分の店の料理との相性はどうなのか？ゲストの年齢や目的にあったワインだと勧められるのか？他店との競合性はあるのか？など考えなければならない点はさらに増加します。

　そんな中でソムリエとして店に合ったワインを選ぶために、産地や品種の情報のないままでの(ブラインドでの)テイスティングというものが大事になってきます。情報がないので、なぜこのワインを選ぶのか？の理由付けを自分で決めなければなりません。"評論家がほめていた"とか"今話題のワインだから"ではなく自分で判断して決めないと、お店のゲストに対して自信と根拠を持った上で薦めることができないからです。

　そのためにも、ブラインドでのテイスティングの練習を積んで"自分はこのワインをどう感じているのか"をしっかり認識し、見極めることが"現場のサービスにおける説得力"につながる、そのためにもブラインドで試飲をすることの重要性があるのです。

グルナッシュ

(Grenache Noir)

産地：フランス南部、アメリカ、オーストラリア、スペイン

Point：一般的にフランスのローヌ地方のグルナッシュの外観には紫の色調が出る。香りに少し甘味を思わせる香りも。

見分け方：色調や香りが似通っている場合の他品種との違い

- シラーであれば、外観に赤い色調がわかりやすく現れ、スパイシーさの中心にもう少し黒コショウの特徴があるはず。
- ロワール地方のカベルネ・フランであれば、香りに清涼感が増え、ピーマンに似た要素が出る。
- ピノ・ノワールであれば、もう少し酸が目立つはず。
- ガメイであれば、バナナに似た香りと、あと味の甘味に共通するものがある。

	冷涼　 ········▶　（温暖な気候を好む）温暖
外観	紫色（ルビー、スミレ、黒オリーヴ）の色調が中心。 日照量を必要とする（好む）品種のため、濃い色合いのものが多い。 クラシックな、やや酸化気味の熟成をさせる生産者のものはディスクの外側の部分に赤みがかかる外観になる。
香り	紫色の皮の果実、紫のプラム、ブルーベリー（ミルティーユ）、少し乾いたニュアンスも。スミレ、芍薬、スイカズラ。 若い閉じ気味のワインには、少し茎っぽい様な"青さ"を持つもの、インクっぽい香りのものも。 赤みを帯びた外観のタイプの場合、サクランボ、赤いプラム（梅っぽい）、樹皮、（少し乾いた）火薬、漢方薬、スパイス、黒コショウ、丁字（クローヴ）、シナモン、八角などオリエンタルなニュアンスも。
味わい	控えめな酸とややしっかりとしたアルコールの高さ。 余韻に少し甘味が残る。凝縮感のあるタイプとそうではないものと大きく分かれる。
その他	＜樽による特徴＞ 新樽が支配的なタイプは少ない。 ＜熟成による特徴＞ 長期熟成によりピノ・ノワールに近い変化を見せるようになるものもある。

ジゴンダス　フォンサンヌ
Gigondas Font-Sane
Côtes du Rhône France　14%

　赤みがかった透明感のあるルビー。紫の色素量が豊富である。
　赤い花の香りや、紫色のベリー、クコの実、ほおづき、プチトマト、加えて少しマッチ棒の軸のような火薬っぽい香りやなめし皮のニュアンスも。
　味わいははっきりとした粉っぽいアタックで始まり、細かい酸と品種からのボリューム感とのバランスもよく、あと味にはよく熟したスイカのようなやや青みを伴った甘い要素も。

ダーレンベルグ
The Custdian d'Arenberg
South Australia Australia　14.5%

　濃い色調のルージュ・ガーネット。紫と黒の色素量も多い。
　黒いゴムやタール、ロースト香、煎ったコーヒー豆の香りがまず感じられ、続いてリキュールに漬けたカシス（黒スグリ）やブルーベリーの要素が現れてくる。はっきりとした香りで持続性も充分。
　豊富なボリュームを感じる滑らかなアタック、ビターチョコレートや干しブドウの持つ甘味と乾いた味わいとが口の中に広がる。舌に残る細かい苦みを伴ったとても長い余韻がこのワインのあと味を印象づける。

サンジョヴェーゼ

(Sangiovese)

産地：イタリア（トスカーナ）、アメリカ、フランス（コルシカ島）

Point：香りには酸を予想させる小梅や少しのシソっぽさがある。ピノ・ノワールよりも少しスパイシー。

	冷　涼　⋯⋯⋯⋯⋯⋯⋯▶ （やや温暖な気候を好む）温　暖	
外観	全体として赤みがかった（熟成感ではなく）印象を受けるものとしっかりとした紫色の色素量の豊富なタイプがある。	
香り	赤い花、芍薬、牡丹の花。サクランボ、赤いプラム、梅、熟したイチゴ、イチジク、黒オリーヴ。少しシソっぽいニュアンス、金属的なニュアンスも。	
味わい	赤い小果実（サクランボ、プラム、アセロラ）。酸がやや目立つ。 （サンジョヴェーゼ種とのブレンドとして） カベルネ・ソーヴィニヨンやメルロなどボルドー品種との組み合わせにより、しっかりとした厚みやボリューム感などを持つタイプも。	

見分け方：
- この色調でシラーであれば、黒コショウがもっとわかりやすく出るはず。
- ピノ・ノワールよりも、酒質がしっかりと感じられる。
- グルナッシュで造られたワインよりは、常に酸味が口中に残る。

その他：クラッシックなタイプのキアンティ（イタリア・トスカーナ州の D.O.C.G.）などは赤みを帯びた外観に柔らかいサクランボやイチゴなどの香りが目立ち、優しい酸を伴った味わいへとつながっていくのだが、最近の傾向としてサンジョヴェーゼにメルロやカベルネ・ソーヴィニヨンなどを加え、しっかりとした酒質とさらに樽のニュアンスを加えたタイプもある。その場合、外観は濃く黒みがかった色調となり、樽からのロースト香の目立つ香りとしっかりとした渋みと酸を多く含むワインになる。

樽による特徴	熟成による特徴
（きらきらとした色調が）全体的に落ち着いて、ディスクの外側に赤み（ルージュ）がわかりやすく現れる。	赤みに透明感が加わり、エビ茶色へ向かっていく。色調としては淡くなっていく傾向がある。
桜の木のチップ、スモーク、ロースト香なども。 木樽（新樽）の個性をわかりやすく出しているタイプも増えてきている。	それぞれの果実が乾いてドライフルーツに近づく。ドライイチジク、ドライプルーン。
サンジョヴェーゼ主体のキアンティなどでは樽による酸化の影響を受けるため、味わいが丸やかになる。 カベルネ・ソーヴィニヨンやシラーなどとブレンドをしたタイプは新樽のニュアンスをしっかりとワインに加えることが多くなってきている。	樽のニュアンスが加えられることにより、ロースト、ヴァニラ、オリエンタルなスパイスの要素—丁字（クローヴ）、八角、五香粉—などがあと味に感じられることも。

ヴィーノ・ノービレ・ディ・モンテプルチアーノ
Vino Nobile di Montepulciano
Toscana Italy 13.5%

　深みのある紫がかったルビー・ルージュ。
　紫色のプラムやイチジクなどのドライフルーツの香りや、ビターチョコレートやコーヒー豆などのロースト香、加えて少し樽からと思われる木質の香りも。
　木質の細かい乾いたタンニンがアタックから余韻に至るまで口の中を支配する。香りに合ったドライフルーツの味わいも同時に現れてくる。

フォンタローロ
Fontalloro
Toscana Italy 13.5%

　黒みがかった紫色の明るいルビー・ルージュ。
　赤いベリー系のドライフルーツの香りに加えて、ビターチョコレートやココアを思わせる乾いた香りが目立つ。
　味わいも香りと同様、細かい渋みがまず感じられ、粘性のあるしっかりとした酒質のワイン。酸が目立ちがちではあるものの、アルコールのボリューム感が最終的には滑らかさを加えている。

キアンティ　ニポツァーノ
Chianti Rufina Nipozzano Riserva Frescobaldi
Toscana Italy 13%

　深みのあるルビー・ルージュ。
　赤いプラムや少し乾いたクコの実の香りが穏やかに立ち上る。
　穏やかな酸を伴った赤いベリー系の味わいに加えて、あと味に少し酸を思わせる乾いた木質の味わいが広がる。ビターチョコレートのニュアンスも。

ブルネッロ　カステルジョコンド
Brunello di Montalcino Castelgiocondo Frescobaldi
Toscana Italy 14%

　落ち着きのある輝きも充分なルビー・ルージュ。ディスクの縁（ふち）に若干熟成感も感じられる。
　赤いプラムなどの熟した果実香に加えて、なめし皮や少し湿った樹皮、黒オリーヴで作るタップナード（オリーヴをペースト状にしたソース）の香りも。
　細かい渋みがとても多く感じられるアタック。やや大柄な酒質であり、粘性もあるのだが、乾いた印象の味わい。

私が学び始めた頃
―パリ・ソムリエ協会 1―

　フランスで暮らして1年半が過ぎた頃、パリ・ソムリエ協会に所属して毎週行っているテイスティングに参加するようになりました。あの頃はまだリパブリックの下町で行われていて(今は場所が変わっています。)そこに行くのがとても楽しみでした。というのも毎回生産者を前にして、いろんなレストランのソムリエのコメントをその場で比較しながら聞けるからで、人それぞれの感じ方の違いはもちろんのこと、この香りをどう表現するのか？このあと味にはどんな単語を使うのか？など、まさにその頃私が知りたかった細かいポイントを、確認することができたからなのです。各ソムリエのコメントを一生懸命書きとめ、部屋に帰ってからは忘れないうちに辞書で確認したりと、そんな毎日を送っていました。

テンプラニーリョ
(Tempranillo)

産地：スペイン（リオハ、ナバーラ）、ポルトガル、アルゼンチン

Point：外観の赤みを確認して、さらにヴァニラっぽい香りを探すこと。

	冷涼	（やや温暖な気候を好む） 温暖	樽による
外観	赤みを中心に濃すぎることのない外観。 （カベルネ種などと混醸した最近のスタイルではやや中心部の黒みも目立つタイプもある。）		基本的に上級とされるクリアンサ※以上は木樽熟成が義務づけられている。 赤みの色調が穏やかにまとまり、全体の色合いに深みが出てくる。
香り	赤い花、赤い皮の小果実、サクランボ、プラムなど熟したニュアンス。（基本的には赤いシリーズ。） 樽による香りの要素を備えている。		特にアメリカン・オークによる熟成により、ヴァニラ、ロースト・ビターチョコレート、粉末のココア、エスプレッソなど。生木や丁字（クローヴ）やスパイスの香りも。
味わい	外観や香り同様の赤い果実の味わいとその酸味が感じられる。造り手によっては酸が目立つものもある。あと味に少し甘味を感じるのはアメリカンオークを使用することの多いリオハの特徴。		樽による熟成が多く成されているリオハでのテンプラニーリョは、全体として落ち着いた印象があり、あまり強いボリュームは感じられない。

見分け方：
●クラシックなタイプ
ピノ・ノワールやサジョヴェーゼに比べると、アメリカンオークによる樽からのヴァニラの香りがわかりやすい。

●最近の造り
フレンチオークを用いることにより、ヴァニラのニュアンスが以前よりは少なく、色も濃くなってきている。

その他：最近のリオハではフレンチオークの樽の割合が増えてきているため、一昔前のようなのんびりとしたリオハらしいアメリカンオークの特徴は少なくなり、替わって、しっかりと樽のニュアンスが表現されているタイプが多い。

熟成による
熟成により外観の変化は見られるものの、他の品種に比べテンプラニーリョは酸化に対しての力が強いので、澱（おり）も出にくく、また、10〜15年の熟成を経たものでも赤の色素があり茶色のニュアンスやオレンジ色は他の品種に比べて穏やかに現れる傾向がある。
鉄っぽい、血、なめし皮、湿った樹皮、スーボワ、落ち葉など。ピノ・ノワールや少しサンジョヴェーゼなどの熟成感にも似ている。
10年、20年といった年月をあまり感じさせない透明感のある味わいがグラン・レセルバなどでは感じられる。干した肉や少し金属的な味わいが出てくることもある。

* クリアンサ：
スペイン独自の熟成規定区分の一つ。DO、DOC（スペイン国内での分類）の高級ワインには熟成年数に応じた下記4つの区分が表記されている。

（若飲み）
　┃ ホーベン
　┃ クリアンサ
　┃ レセルバ
　▼ グラン・レセルバ
（長期熟成）

フィンカ・ソブレーノ クリアンサ
Finca Sobreño Crianza
Toro Castilla y León Spain   14%

　黒みがかったルージュの色調、透明感があり輝きも充分。
　芍薬などの陽の光を浴びた赤い花の香りがわかりやすく立ち上る。時間が経つにつれ、なめし皮や樹皮のニュアンスなど少し乾き気味の特徴も広がる。少しではあるが黒い色のゴムのような香りも。
　細かい渋みを伴った、強すぎないアタック。細かい酸味が口中にゆっくりと広がりを見せる。細かいビターチョコレートのような心地よい苦みがあと味に控えめに現れる。

ライマット
Raimat
Catalunya Spain   13%

　若々しさの感じられる明るい色調の紫色がかったルビー。
　樽の香りから始まり、黒い色のゴムや、スパイスの効いたリヨン風のソーセージ（サラミ）の香りも。赤い花の芍薬の香りと、少し乾いたニュアンスのプルーンのような香りも。
　はっきりとした特徴的な渋みが感じられるアタックに始まり、細かい心地よい酸味が口中を支配する。香りと同様、ドライ・プルーンのような酸味を伴った甘味もあと味に残す。

モダンスタイル ローダ No.2
Roda II Reserva
Rioja Spain　13%

　紫色の色調が支配的なしっかりとした黒味がかった外観。

　エピス・ドゥースがまず香りに現れ、黒コショウや、木質から来る清涼感も時間とともに現れてくる。（樽からのニュアンスが多い。）緑色のヴェジタル（植物・野菜）なニュアンスとして"シシトウ"や少し杉の葉の要素も。

　味わいは、はっきりとしたアタックで始まり、黒コショウの要素がわかりやすく広がり、あと味は上質なコート・ロティ（ローヌ地方の）のような渋みとアルコールのボリューム感とのバランスの良さを見せる。

ラグニージャ　グラン・レセルバ
―熟成感の現れているヴィンテージ―
Lagunilla Gran Reserva
Rioja Spain

　わかりやすい熟成感の現れている色調。茶色みがかったルージュ、琥珀（こはく）色にも近く透明感はある。

　香りは熟成の特徴からか、複雑性に富み、乾燥イチジク、なめし皮、少し温度の下がった紅茶（ダージリン）、湿った樹皮、木質のニュアンスとしてマホガニー、ローストしたコーヒー豆、最後に控えめにヴァニラも。

　滑らかで細かい酸味から始まる味わいには、乾燥イチジクやドライフルーツのスパイスと甘味とがゆっくりと現れてくる。あと味には細かい酸味が支配的になる、強すぎない心地よい強さのドライな余韻を残す。

カベルネ・フラン
(Cabernet Franc)

産地:フランス(ボルドー、ロワール)および世界各地

Point:"青み"を帯びた香りを探す。

見分け方:青いニュアンスの野菜。ピーマン、シシトウ、グリーンアスパラなどの特徴的な香りを覚える。

ロワールのカベルネ・フランは重くなり過ぎない。あと味に酸と細かい渋みが多く残るが、ボルドーとは異なりシンプルで軽快感がある。

	冷涼	温暖	
外観	紫色を中心に北南にかかわらず色調はしっかりと出る。日照量により黒みのニュアンスが増す。		
香り	紫色の花。スミレ、アイリス。 フランボワーズ(木イチゴ)、ブルーベリー(ミルティーユ)、カシス(黒スグリ)、紫スモモ(クウェッチ)。 やや青み(緑色)の要素、緑色の葉、植物の新芽、つるの部分。シシトウ、ピーマン。少し清涼感。		
味わい	酸味が味わいの中心にくる。(ロワールなど) 紫色の果実をすりつぶした様な細かい酸やあと味の渋み。	(ボルドーにおいてはカベルネ・ソーヴィニヨンやメルロと混醸されるため、単体での使用は少ない。) ロワールでも暖かい年には、紫色のオリーヴなどの特徴が出やすい。	

その他：
ロワールのシノン、ブルグイユなどでは、

● 内陸からの風が強かった年には
　→よりピノ・ノワールに似てくる。
　　外観の赤みが増す。

● 海からの風が強かった年には
　→よりカベルネ・フランの特性が出やすいと地元では言われている。

ボルドーでは一般的にカベルネ・ソーヴィニヨンやメルロを補助する役割が多いのだが、サンテミリオン地区のシャトー・シュヴァル・ブランには高い比率でカベルネ・フランが混醸されている。（約60％）

	樽による	熟成による
		熟成5〜10年経つと紫色の色調から赤みがかったものへと変化していく。
	産地ごとの個性が加えられる。 例） ロワールであればカベルネ・フラン単体。新樽の使用は少ない。 ↕ ボルドーであればカベルネ・フランは他の品種と混醸される。新樽率も高く、樽からの個性も多く出る。	熟成により穏やかさが増し、赤い果実の熟成感へと変化していく。
		赤い果実のドライなニュアンスが多く現れるようになる。

シノン・クロ・デ・エコー クーリー・デュトイユ
Chinon clos de L'Echo Couly-Dutheil
Loire France

　輝きのある紫色がかったルビー・ルージュの色調。
　赤や紫色の花の香りと、少し清涼感を伴った要素、緑色の植物的な要素も。杉の葉や、ローリエのようなニュアンスも少し。
　味わいには紫色のドライフルーツ系の細かい酸味があり、渋みもあるが強すぎない。まとまりのある細かいこなれたタンニンの感じられるドライな赤ワイン、酒質やアルコールのボリューム感は控えめ。

サン・ニコラ・ド・ブルグイユ ジョエル・タリュオー
Saint-Nicolas de Bourgueil Joel Taluau
Loire France

　明るい色調の紫色がかった外観。中心部は少し黒みがかっており、香りと味わいの要素が予想できる。
　赤い小さな梅、プラムなど果実の香りがまず感じられ、その後で少しガメイにも似た甘い香りも育ってくる。少し粉っぽい、埃っぽい要素も。
　細かい赤い小さな果実の持つ酸味が感じられるアタックに始まり、かすかに塩味やミネラル感のある要素も。滑らかな味わいから少し乾いた余韻へとつながる。一般的なスタイルというよりは、少ししっかりとした酒質のブルグイユであると言える。

アンジュ・ヴィラージュ　シャトー・デュ・フェル
Anjou Villages　Château de Fesles
Loire　France

　明るい紫色がかった色調のルビー・ルージュ。

　心地よい凝縮感のある赤い小さな果実の香りに加えて、控えめではあるものの黒い色のゴムのニュアンスと少しの清涼感が感じられる。

　滑らかな味わいのアタックに始まり、細かい酸味が徐々に現れてくる。後半は樽からの要素が支配的になりカベルネ・フランの持つ個性として感じることのできる細かい渋みが、かなりあと味に長く残るように感じられる仕上がりになっている。

私が学び始めた頃
―パリ・ソムリエ協会 2―

　その当時、パリのホテルリッツのシェフソムリエだった、ジョルジュ・ルプレさんという方がテイスティングの会の進行をするときがあるのですが、もともと声楽家を目指していただけのことはあり、ぴんと伸びた背筋と、とても心地よい張りのある声でまず若手ソムリエからコメントを求めます。迷ったり、間違ったりすると、「この外観にはオレンジはまだ使わない」とか、「香りの要素をもっと具体的に」と厳しく暖かく育てていくのです。

　ほかの人が進行役を務めるときがあるのですが、やはりルプレさんのときは参加者の集中力が異なり、なんと言っても彼が行うテイスティング自体のリズム感と、コメントの的確さと分析力には憧れたものです。

マルベック
(Malbec)

産地:フランス(ボルドー、南西地方・カオール)、スペイン、アルゼンチン、オーストラリア

Point:コー(Cot)、マルベック(Malbec)、オーセロワ(Auxerrois)と産地によって呼び名を変えられることでも有名。

見分け方:色の濃さはカベルネ・ソーヴィニヨン、アルコールのボリューム感や滑らかさはメルロ種に似ている。

外観が同じくらいの色調の場合、
- カベルネ・ソーヴィニヨンまでの苦み、渋みは現れない。
- シラーのようなはっきりとした黒コショウの要素は少ない。

	冷 涼 ・・・・・・・・▶	(温暖な気候を好む) 温 暖
外観	他品種に比べて中心部の黒の色素量が多い。 カオールでは昔は「ブラック・ワイン」と呼ばれた。	色調がより濃く、凝縮感が感じられる様になる。
香り	皮の色の紫や黒い果実のニュアンス。少しの清涼感を伴う。 カオールではあまり果実からの特徴は強くはないが、新樽の香りが現れるタイプも。	(アルゼンチンなどでは、かなり凝縮感が出る) 熟したカシス(黒スグリ)、ブラックチェリーのドライフルーツのニュアンス。
味わい	紫、黒の果皮の果実の味わい。少しの清涼感も。あと味には酸も表現される。	しっかりとしたアルコールのボリューム感があり、熟した果実や少し乾き気味の果実の味わい。余韻も長め。
その他	<樽による特徴> カオール: 穏やかな香りと優しい酸を伴った味わい。アルコール度数はあまり高くない。 アルゼンチン: - 大樽で熟成させたクラシックタイプ→穏やかでゆったりと飲みやすくなる。 - 新樽を使用したモダンなタイプ→しっかりとした香りと味わいが長く続く。アルコール度数も高い。 アルゼンチン、オーストラリアなどでは、濃縮感のあるワインに新樽を組み合わせる。	

カオール シャトー・ド・ケー
Cahors château de Caïx
Sud-Ouest France 13%

　紫色の色調を多く残した深みのあるルビー色の外観。

　少しの青っぽさを感じさせる香りの第一印象から、時間の経過とともにオリーヴをすりつぶしたような香りも。

　細かい心地よい酸味を伴ったアタックに始まり、紫色の果皮（カシス、ブルーベリー）の果実を皮ごとすりつぶしたような渋みと甘味の混じり合った味わいが続く。アルコールの滑らかさもあり、味わいとあと味の余韻自体に厚みも感じられる。

ルイジボスカ リゼルバ
ー熟成感の現れているヴィンテージー
Reserve Malbec Luigi Bosca
Argentina

　黒みがかった色素量の多い深みのあるルビー色の外観。

　まず、赤い花の香りがわかりやすく立ち上り、ナツメグ、黒檀の木の香りや湿った樹皮の香りも続く。

　滑らかさを感じるアタックに始まり、温度が上がるにつれて甘味が強く表現されてくる。あと味にはビターチョコレートのような細かい渋みが残る。味わい自体に厚みがありアルコールのボリューム感もあるが味わいの構成はシンプル。

ポートワイン
(Port)

産地：ポルトガル

Point：メーカーによって様々なタイプが存在する。

見分け方：バニュルス（Banyls）* よりも少しアルコール度数が高い。
マディラ ** には少し酸化的な（少しカラメルの様な焦がした様な）特徴が出ることが多い。

特徴：一般的には、黒ブドウから造られ 3 年樽熟成後出荷されるルビー・ポート、白ブドウから造られ 3 〜 5 年熟成させるホワイト・ポート、ルビー・ポートを熟成させたトウニー・ポート、その他にも、優れた年に造られるヴィンテージ・ポート、ヴィンテージについで個性のあるヴィンテージに造られるレイト・ボトルド・ヴィンテージ・ポート、収穫年表示ポート・コリュイタなど、多くの種類のポートワインがある。

各メーカー毎に個性のあるタイプが造り出されているために、例えば、ルビー・ポートはこういう色で、ヴィンテージ・ポートはこういう香りが目印という様な規則性は無いと思っておいたほうが良い。各ポートのタイプ別にまとめることは難しい。

* バニュルス：フランスのルーション地方（中でもスペインとの国境に近いあたり）で造られる酒精強化ワイン。基本品種はグルナッシュ。熟成期間の異なるバニュルス・グラン・クリュという A.O.C. もある。

** マディラ：ポルトガルのリスボンの南西 1000km、大西洋上のマディラ島で造られる酒精強化ワイン。3 年以上の樽熟成が義務付けられている。

ルビー・ポート　フォンセカ
Ruby Port Fonseca
Portugal

　紫色にしっかりとした黒の色調の入った外観、落ち着いた深みのある印象。
　滑らかな甘味を感じる香りの立ち方であり、芍薬の花や、少しラムネっぽい（ビー玉入りの飲み物）スーッとした香り。加えて赤い果実のシロップ漬けに加えて少しスパイスの香りも。
　細かい渋みが感じられるアタックで始まり、ビターチョコレートのような少しの粉っぽさも感じる。甘いだけのシンプルな味わいではなく、あと味には乾くようなニュアンスも感じられる。
　あまり冷やし過ぎない温度帯のほうが、より個性が発揮できるはず。

トウニー・ポート
Tawny Port
Portugal

　澄んだ色調のルージュ、赤の色調に加えてオレンジ色のニュアンスも現れている。
　香りには複雑性があり、赤い果実のシロップ漬けや、少し乾いた紫色のドライフルーツの要素も。加えて少し粉っぽいショコラ、カカオの香りも心地よく立ち上る。
　味わいは、香りからの印象そのままに滑らかに始まり、甘味がわかりやすく広がってきた後の、細かい渋みの出方が心地よい。少し冷やし気味にしてこの特徴を生かしたい。

ホワイト・ポート
White Port
Portugal

　淡く輝きのある黄金色。粘性が豊富に感じられディスクも厚い。

　黄色く熟した甘すぎることのない黄色いリンゴ・アプリコット・洋梨などに似た優しい果実香が感じられ、少し綿菓子のようなキャンディ的な要素の香りも現れる。

　とろみのある滑らかな味わいのアタック。同じ量のワインを口に含んだ時とははるかに違う情報が口の中にもたらされてくる。甘いだけではなくあと味には心地よいレベルでの苦みも現れ、あと味を引き締めてくれる。冷たくするとよりこの甘味が強調され、個性的なあと味を残す。

レイト・ボトルド・ヴィンテージ・ポート
Late bottled Vintage Port
Portugal

　紫色の色素量の豊富な、黒みがかった深みのある外観。

　チョコレートをまぶした紫色のプルーンのような、細かい渋みの予想できる香り。乾燥イチジクやドライフルーツなど。少し黒糖っぽさも。

　細かいけれども心地よい苦みの要素がまず感じられ、複雑性のあるあと味へと続いていく。苦みはあるけれども焦げてはいないという絶妙なレベルでの余韻が長く残る。

　外観だけでは判断しづらいが、ルビー・ポートとの違いの見つけ方はこの香りと味わいの凝縮度の違いにある。

キンタ・ド・パナシュカル
ヴィンテージ・ポート
―熟成感の現れているヴィンテージ―
Quinta do Panascal Vintage Port
Portugal

　全体的に黒みを帯びた深みのある濃い色調のガーネット。
　リキュールに漬け込んだ紫色の果実香があり、ビターチョコレート、エスプレッソ、カカオ、樹皮など複雑性がある。
　滑らかな上品なアタックに始まり、香りにあった要素が味わいにも現れており、その奥行きと構成がとても心地よい。強すぎず、それでいて渋みや酸味などの口中での現れる順番も、さらにそれぞれのバランスも良い。
　あまり冷やし過ぎない温度帯での提供を考えたい。

私が学び始めた頃
―パリ・ソムリエ協会 3―

　コメントを述べる際に求められていた「なぜその香りがするのか？なぜその味わいになっているのか？常に意識してコメントするように！」というルプレさんの言葉も強く印象に残っています。「香りはカシスです、赤い花です」というのはある意味、慣れてくると簡単なのかもしれませんが、プロとしてそれはどうして？と聞かれた際に「それは〜だからだと思います」と明確に答えられること。それがあって初めてソムリエのコメントとして認められる。それが無ければただの感想に過ぎないと彼は繰り返し語っていました。また「感想とソムリエの立場からのコメントとは異なる」ということは私自身忘れないようにしています。またそこの部分を意識しないと、提供温度やグラスの形状、合わせる料理との組み合わせに説得力が生まれないからなのです。

索引

(* は V 章を除く)

基本単語

あ

アスー 180, 181
アタック * 14, 43, 45, 46, 64, 87, 89, 90, 98, 101, 119, 121
甘口 * 22, 51, 57, 63, 91, 92, 94, 101, 118, 119, 127
アメリカンオーク 47, 71, 80, 200, 201, 205, 229
アモンティヤード 182, 185
アリゴテ 145, 150, 159, 176, 178, 179
アルザス 96, 148, 150, 151, 154, 156, 157, 158, 159, 160, 161, 162, 168, 180, 195
アルゼンチン 110, 147, 170, 193, 213, 228, 236
アルネイス 188, 189
アルバリーニョ 110, 150, 186, 187
アロマ 14, 43, 44, 45, 119, 121, 162

イタリア 25, 147, 158, 159, 173, 188, 193, 208, 224, 225

ヴァン・ド・リキュール 69
ヴァン・ドゥー・ナチュレル 69
ヴァンダンジュ・タルディヴ 148, 160
ヴィオニエ 44, 45, 110, 144, 150, 155, 168, 186
ヴィンテージ・ポート 127, 238, 241

エピス・ドゥース 195, 203, 215, 231

オーストラリア 34, 47, 52, 61, 71, 93, 114, 115, 134, 147, 154, 158, 164, 168, 170, 173, 193, 200, 201, 204, 205, 213, 222, 236
オーストリア 61
オーセロワ 236
オロロソ 134, 182, 184, 185
温度 * 13, 15, 25, 52, 64, 80, 99, 126, 127

か

輝き * 14, 20, 21, 26, 29, 32, 33, 37, 97, 118, 120
カベルネ・ソーヴィニヨン 19, 34, 45, 198, 199, 200, 204, 205, 212, 213, 224, 225, 232, 233, 236
カベルネ・フラン 49, 139, 198, 218, 222, 232, 233, 235
ガメイ 80, 193, 218, 219, 220, 222, 234
辛口 * 91, 101, 118, 119
カリフォルニア 70, 71, 134, 173, 192, 193, 196, 200, 201, 203, 213
ガルガーネガ 188, 189

貴腐 51, 63, 92, 94, 119, 127, 144, 148, 149, 155, 169, 170, 171, 180
気泡 14, 20, 24, 25, 32, 118, 120
キュヴェ 168, 169
凝縮感 * 14, 22, 24, 32, 34, 43, 46, 47, 59, 67, 68, 89, 96, 97, 98, 101, 119, 121
キンメリジャン土壌 112

グラスの形状 15, 25, 99, 126, 157, 217
グラン・レセルバ 229, 231
クリアンサ 229, 230
クリオエキストラクシオン 80
グリューナー・フェルトリナー 61
グルナッシュ 45, 222, 225, 238

ゲヴュルツトラミネル 44, 54, 148, 149, 154, 155, 159, 163, 168

甲州 174, 175
コー 236
コリュイタ 238
コルテーゼ 188, 189

さ

サヴォワ 158, 164
サモロドニ 180, 181
サンジョヴェーゼ 208, 218, 224, 225, 229

シェリー 63, 134, 182
シャルドネ 33, 70, 112, 134, 135, 137, 141, 173, 174

シュール・リー 81, 85, 176
収斂性＊ 95, 101
熟成感＊ 14, 18, 19, 20, 26, 37, 47, 49, 60, 62, 64, 67, 68, 70, 78, 97, 118, 119, 120, 121
シュナン・ブラン 110, 144, 145, 159, 176, 178
ジュラ 37
ジョンブ 14, 24, 25, 32, 118, 120
シラー／シラーズ 47, 60, 61, 68, 199, 204, 205, 207, 212, 222, 224, 225, 236

スキンコンタクト 81, 85
スペイン 110, 147, 182, 186, 222, 228, 229, 236, 238
スロヴェニアオーク 208

清澄度＊ 14, 20, 21, 29, 32, 33, 118, 120
セミヨン 170, 172
セレクション・グラン・ノーブル 148, 161

ソーヴィニヨン・ブラン 33, 48, 49, 115, 134, 140, 142, 143, 170, 171, 174, 176

た

炭酸ガス浸漬 80, 218
タンニン＊ 14, 95, 101, 103

チリ 33, 47, 70, 93, 114, 147, 170, 173, 193, 200, 201, 213

低温発酵 44, 45, 81, 85
ディスク＊ 14, 20, 22, 23, 24, 26, 32, 118, 120
デカンタージュ 15, 128, 136
テルペン 150, 151, 152, 178
テンプラニーリョ 228, 229

ドイツ 96, 114, 115, 148, 150, 154, 158, 173, 193
トウニー・ポート 238, 239
トカイ 180
トライアングルテイスティング 115, 116
トロンテス 110

な

南西地方（Sud-Ouest）49, 236

ニュージーランド 33, 96, 140, 143, 147, 150, 154, 193
ニューワールド 192, 193, 200, 213

ネッビオーロ 110, 199, 208, 209, 210
粘性＊ 14, 20, 22, 24, 25, 26, 28, 29, 32, 57, 68, 91, 92, 93, 96, 101, 112, 113, 114, 118, 120

濃縮感＊ 14, 22, 32, 43, 46, 59, 89, 95, 96, 97, 101, 119, 121

は

パスティス 63
パストゥーグラン 219
バニュルス 238
ハルスレヴリュ 180
パロミノ 182
半甘口＊ 91, 101, 119
半辛口＊ 91, 101, 119
ハンガリー 180

ピノ・グリ 148, 158, 159, 160, 162
ピノ・グリージョ 158
ピノ・ノワール 19, 44, 47, 62, 64, 139, 192, 196, 215, 218, 219, 222, 224, 225, 229, 233
氷果仕込み 80

フィノ 182, 183
ブーケ 44
複雑性＊ 14, 43, 47, 65, 78, 81, 92, 119, 121
プットニョシュ 180
フュ・ド・シェン 142
ブラインドテイスティング 100, 113, 221
フランス 34, 37, 47, 49, 50, 54, 60, 63, 71, 81, 92, 96, 128, 134, 139, 140, 144, 147, 148, 150, 154, 158, 159, 162, 164, 168, 170, 176, 178, 186, 192, 193, 197, 198, 204, 205, 212, 218, 222, 224, 227, 232, 236, 238
ブルゴーニュ 19, 35, 92, 93, 112, 126, 134, 139, 167, 176, 178, 192, 193, 217, 219
フルミント 180
フレンチオーク 71, 80, 208, 229

ペドロ・ヒメネス 182

ベルデホ 186, 187

ポート 63, 94, 127, 238, 239, 240, 241
ホーベン 229
ボリューム * 14, 57, 89, 96, 101, 111, 119, 121
ボルドー 19, 35, 60, 71, 126, 128, 139, 140, 167, 170, 180, 198, 199, 201, 204, 212, 217, 224, 232, 233, 236
ホワイト・ポート 63, 238, 240

ま

マセラシオン・カルボニック 80, 85, 218
マディラ 94, 238
マルサンヌ 60, 164, 166, 168
マルベック 236
マロラクティック発酵 44, 70, 81, 85, 92, 134, 174
マンサニーリャ 182, 184

ミュスカ 44, 45, 148, 162, 163
ミュスカアレクサンドリ 162
ミュスカデ 176, 177, 178
ミュスカブラン 162

メトキシピラジン 49, 140, 141
メルロ 35, 49, 139, 198, 199, 201, 204, 205, 212, 213, 214, 224, 225, 232, 233, 236

モスカテル 182

や

余韻 * 14, 15, 35, 43, 46, 87, 89, 91, 92, 94, 98, 99, 119, 121

ら

ラルム * 14, 24, 25, 32, 118, 120
ランシオ 85

リースリング 96, 114, 115, 134, 141, 148, 149, 150, 152, 162, 173, 178
リオハ 217, 228, 229
リカール 63

ルーサンヌ 60, 164, 166, 168
ルビー・ポート 238, 239, 240

レイト・ボトルド・ヴィンテージ・ポート 238, 240
レセルバ 229
レトロ・オルファクシオン 98, 99

ローヌ 35, 47, 60, 63, 128, 164, 168, 186, 222, 231
ロワール 49, 81, 92, 93, 140, 144, 167, 176, 218, 222, 232, 233

略語

M

M.L.F. 70, 81, 85, 92, 93, 119, 134, 141

S

S.G.N. 148, 149, 150, 154, 159, 162, 180

V

V.D.L. 69
V.D.N. 69
V.T. 148, 149, 150, 154, 159, 162, 168, 180

ご協力いただいた皆様

アサヒビール株式会社
ヴィレッジ・セラーズ株式会社
株式会社 エイ・エム・ズィー
キリンビール株式会社
サッポロビール株式会社
サントリー株式会社
株式会社 千商
株式会社 中島薫商店
日本リカー株式会社
株式会社 ファインズ
マキシアム・ジャパン株式会社
メルシャン株式会社
株式会社 横浜君嶋屋
株式会社 ラック・コーポレーション
　　　　　　　　　　　（五十音順）
株式会社ミュゼ

参考文献

Vocabulaire International de la Dégustation
Jean R. Rabourdin　s.a.r.l. ELVIRE EDITIONS　1989

Le livre des millésimes. Les grands vins de France de 1747 à 1990
Michael Broadbent　Scala　1993

Le Goût et les Mots du Vin
Christian R. Saint-Roche　Jean-Pierre Taillandier　1995

L'art de la dégustation
Jean-Michel Monnier　Siloë　1996

The Wine Experience
Gérard Basset　Kyle Cathie Limited　2000

Arômes du vin
Pierre Casamayor, Michaël Moisseeff　Hachette Livre　2006

Le Guide Fleurus Vins des 2005 -2008
Fleurus Paris

においの化学　　長谷川香料株式会社編 裳華房　1988

香りの小百科　　渡辺洋三 工業調査会　1996

日本ソムリエ協会 教本　　飛鳥出版株式会社　2008

あとがき

　調理場志望で働き始めたレストランでは「人がいないので」といきなりサービスに回されました。「ワインに関する質問は私にはしないで！」と毎日祈りながら働いていました。

　そのうちに「アントル・ドゥー・メールってどういう意味なんだろう？」「どうしてコニャック地方でもシャンパーニュって呼ばれているのだろう？」など気になることが続々と出てきましたが、あの頃は教えてくれる人も誰もおらず、調べる術も無く、結局わからないままサービスをしていた記憶があります。

　知識に関する内容については、ネットなどの普及により以前とは比べ物にならないほど調べやすくなってきましたが、感応表現に関してはまだまだ、参考になる資料・文献は少ないように思います。

　「カシスとブラックチェリーの香りとはどの品種に出るのだろうか？」「熟成感とはどの単語を使うとわかりやすくゲストに伝わるのだろう」「造り手の前で、自分自身のコメントを伝えたい」「自分が感じたこの感覚を、人に伝わる単語に置き換えたい」そんな時、気になるところを読み返していただければと思います。

佐藤陽一

著者略歴

佐藤陽一

大阪出身、料理人をめざし東京、横浜での調理の修行後、渡仏。
パリを中心に、サヴォアやバスク地方のミシュランの星付きの特色ある店で、料理人としての経験を積む。この間にその地方の料理と深く関係しているワインについての興味が深まり、ソムリエ・サービスに関心を持つ。

パリ・ソムリエ協会（ASP）に所属し、毎週行われているプロのためのテイスティング会への参加に加え世界最優秀ソムリエである、フィリップ・フォール・ブラック氏の経営する"ビストロ・デュ・ソムリエ"において、実際の現場での研修を重ねる。フランス国内の産地訪問に加え、ドイツワインアカデミーなどへの参加も行いさらに研修を積む。

帰国後はエノテーカ・ピンキオーリ（銀座）、タイユバン・ロビュション（恵比寿）、オストラル（銀座）などのシェフ・ソムリエを経て独立。ワインに限らず飲料全般をプロデュースするための会社"マクシヴァン"を設立。ワインスクールや各種イベントなどでのワイン講師の仕事や、コンサルティングを行う。

2000年には、現場での店舗としてのワイン・レストラン"マクシヴァン"をオープン。レストランオープン後も毎年のワイン産地ツアー（スペイン、イタリア、フランス）のオーガナイズや葉巻の本場キューバを訪れ、葉巻に対する認識を深めたりと、様々な活動を行っている。

2005年　全日本最優秀ソムリエ
2007年　第12回世界最優秀ソムリエコンクールギリシャ大会
　　　　日本代表
　　　　同時開催　ミネラルウォーター世界コンクール第3位

東京都港区六本木 7-21-22
TEL:03-5775-1073
FAX:03-5775-1074
MAXIVIN ホームページ
http://www.maxivin.com/

Wine Tasting
ワイン テイスティング

著 者　　佐藤陽一

2009 年　2 月 28 日　初版第 1 刷発行
2009 年　7 月　1 日　初版第 2 刷発行
2010 年　5 月　1 日　初版第 3 刷発行
2011 年　8 月　1 日　初版第 4 刷発行
2012 年 11 月　1 日　初版第 5 刷発行
2016 年 10 月　1 日　初版第 6 刷発行

発行者　　株式会社 MUSEE キャトルヴァンアン

発売元　　株式会社アム・プロモーション
　　　　　〒 108-0014 東京都港区芝 4-3-2-110
　　　　　TEL 03-6453-7878 FAX 03-6453-7886

企　画　　　　　　　　　関根裕子（ミュゼ）
ブックプランニング　　　i2 design associates
　アートディレクション　　金子英之
　エディトリアル / デザイン　玉川 薫
　デザイン　　　　　　　　千葉英彦　　伊従史子
　編集協力　　　　　　　　河合由美　　小野寺真由美　　馬場絢子

印　刷　　　　　　　　　株式会社 CIA
　プリンティング ディレクター　米良勝巳

写　真　　　　　　　　　瀬戸正人（V 章）　安部まゆみ（II 章）
　　　　　　　　　　　　玉川　薫（II 章 他）

＊本書の一部あるいは全部を無断で転載・複写・複製することは固く禁じます
ISBN978-4-9909207-0-8

©2009 Musée